Gärtner Pötschkes Gartenschule

Aussaat & Anzucht leicht gemacht

schnell und richtig **pflanzen**

...so einfach geht **gärtnern!**

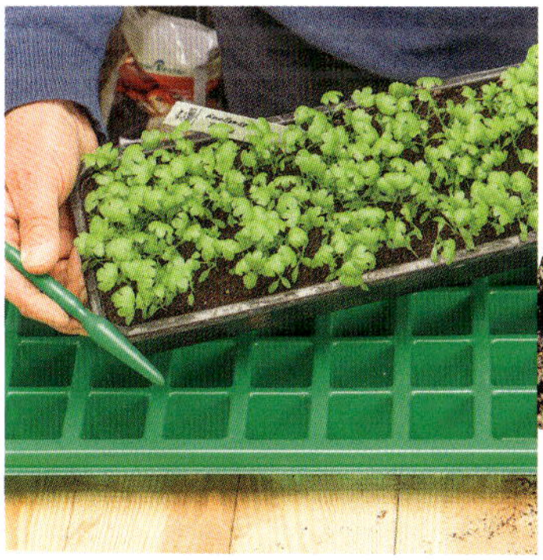

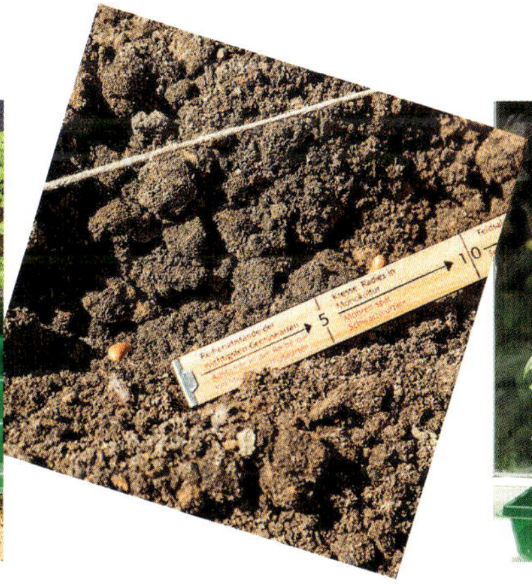

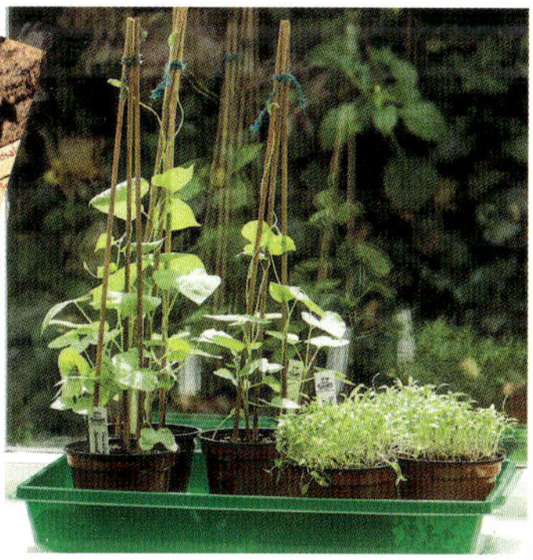

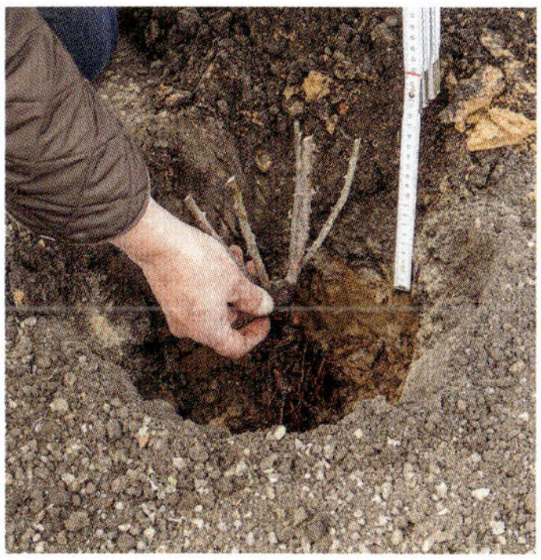

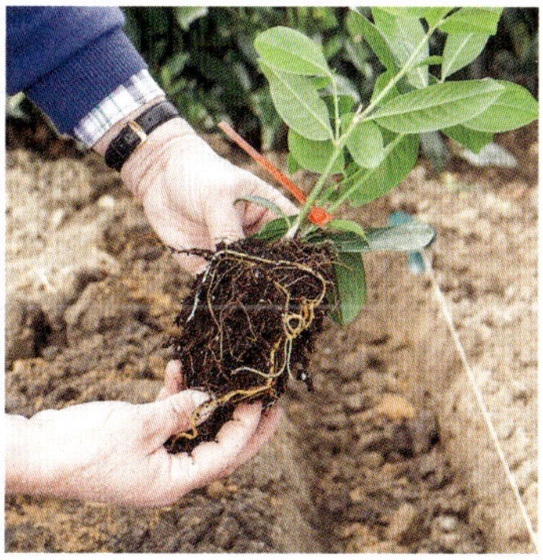

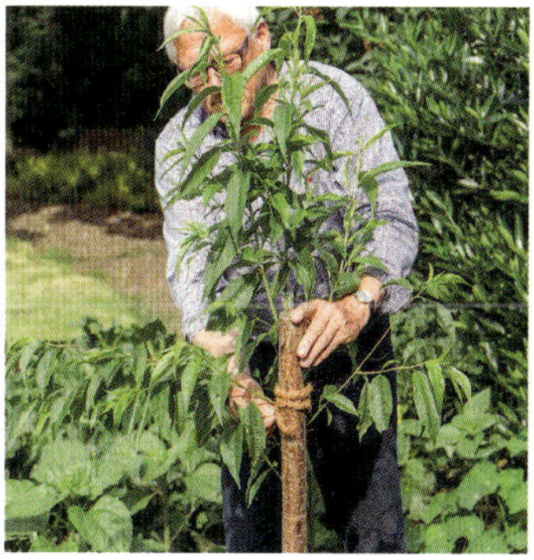

Liebe Gartenfreundin, lieber Gartenfreund,

möchtest du Natur hautnah erleben, den herrlichen Duft von Lavendel oder Rosen genießen und leckere Beeren vom Strauch naschen? Und dich außerdem noch ein wenig erholen?
Dann ist ein moderner Garten genau das Richtige für dich! Denn die Gärten von heute sind eben nicht nur nützlich, sondern sehen auch noch gut aus! Und sie laden natürlich zum Entspannen, Spielen, Grillen usw. ein!

Auch, wenn du es mir vielleicht noch nicht glaubst – einen schönen Garten anzulegen ist gar nicht so schwer! Mit einigen Grundkenntnissen bist du schnell dabei und kannst dich schon bald über die ersten Erfolge freuen ...

In dieser Gartenschule wirst du nur wenig Text, aber dafür umso mehr Bilder finden. Denn ein Bild sagt mehr als 1000 Worte. So lässt es sich ja auch viel leichter mal eben schnell nachschlagen! Nimm deine neue Gartenschule doch ruhig mit in den Garten und lege sie, wenn du unsicher bist, bei bestimmten Arbeiten einfach neben dich – so ist sie dir immer eine Hilfe.

Und wenn du noch mehr Unterstützung brauchst, dann schau doch ruhig mal ins Internet.

Hier findest du auf YouTube viele Grüne Video-Tipps von Gärtner Pötschke – z.B. über das Setzen von Blumenzwiebeln, das Bepflanzen eines Hochbeets oder die Anlage eines Kräuter-Kiesbeets.

Auch in meinem persönlichen Garten-Blog unter http://www.poetschke.de/gartenblog/ gibt es viele Tipps und Tricks rund um Natur und Garten!
Schau gleich mal hinein – alles ist ganz einfach erklärt und ich bin sicher, du kommst bald auf den (Garten-)Geschmack!

Jetzt wünsche ich dir aber erstmal viel Freude mit meiner neuen Gartenschule – und natürlich viel Erfolg in deinem Garten!

Cornelia Pötschke

In meinen Grünen Tipps findest du zusätzliche Hinweise zu Anzucht, Aufzucht oder Pflege ... viele Tricks ... Wissenswertes zur Qualiät ... Ideen für die Gestaltung ... spezielle Informationen zu Krankheiten und Schädlingen ... gute Tipps aus dem Erfahrungsschatz eines Gartenprofis ... gärtnerisches Grundwissen ... hilfreiche Empfehlungen ... guter Rat von A bis Z ... und das alles direkt aus der Garten-Praxis!

Inhaltsverzeichnis

Die Grundlagen der Gartenplanung
Planung „Projekt Garten"	6
Kleine Bodenkunde	6-7
Tipps für besseres Gedeihen	8
Gesunde Pflanzen – mehr Erfolg	9

Saatbänder & Co
Saatbänder Blumen + Gemüse	10-11
Saatscheiben Kräutertöpfe	12-13
Saatteppiche Blumenmischungen	14-15
Saatteppiche für Balkonkästen	16-17

Gemüse und Kräuter aussäen
Hülsenfrüchte, Reihensaat	18-19
Hülsenfrüchte, Stangen	20-21
Hülsenfrüchte, Erbsen mit Rankhilfe	22-23
Blattgemüse: Direksaat in Reihen	24-25
Blattgemüse: Direksaat breitwürfig	26-27
Blatt- und Kohl-Gemüse: Vorkultur im Frühbeet mit Verpflanzen	28-29
Fruchtgemüse: Vorkultur warm mit Pikieren in Töpfen	30-31
Fruchtgemüse: Vorkultur warm in Jiffy-Töpfen mit Verpflanzen	32-33
Zwiebel und Porree: Vorkultur im Frühbeet mit Verpflanzen	34-35
Fruchtgemüse: Direktsaat in Tuffs	36-37
Gemüse: Vorkultur in Schalen mit Pikieren in Saatplatten	38-39
Kohlgemüse: Vorkultur im Freiland-Saat-Beet mit Verpflanzen	40-41
Wurzelgemüse: Direktsaat in Reihen mit Verziehen	42-43
Blattgemüse: Direktsaat im Balkonkasten	44-45
Kräuter: Vorkultur warm mit Pikieren in Töpfen	46-47
Kräuter: Direktsaat in Reihen	48-49

Blumen aussäen
Schnittblumen: Direktsaat in Reihen ohne Verziehen	50-51
Blumen-Mischungen: Direktsaat breitwürfig	52-53

Blumen aussäen
Direktsaat an Ort & Stelle	54-55
Tuffsaat an Ort & Stelle	56-57
Direktsaat Ranker	58-59
Vorkultur warm, Minigewächshaus	60-61
Vorkultur in Töpfen	62-63
Vorkultur in Töpfen Ranker	64-65
Vorkultur im Frühbeet	66-67
Gründüngung: Direktsaat breitwürfig	68-69

Gemüse-Pflanzgut und Erdbeeren
Kartoffeln	70-71
Steckzwiebeln, Knoblauch, Schalotten	72-73
Spargel	74-75
Rhabarber	76-77
Erdbeeren	78-79

Obst-Gehölze
Beerenobst, Sträucher & Büsche	80-81
Kern- & Steinobst, Stämme	82-83
Himbeere	84-85
Brombeere	86-87
Wein	88-89

Ziergehölze
Clematis (Waldreben)	90-91
Hecken	92-93
Ziergehölze, Hortensie	94-95
Rosen	96-97

Stauden
Stauden Topfballen & Container	98-99
Bambus	100-101

Beet- & Balkonblumen
Pflanzung im Garten	102-103
Pflanzung in Töpfen & Kästen	104-105

Was wird wann gepflanzt?	106-107
Geräte und Zubehör	108-109
Raum für deine Notizen	110-111
Ergänzende Literatur	112-113
Register	114

Grundlagen
für die richtige Gartenplanung
Kleine Boden-Kunde

Liebe Gartenfreundin, lieber Gartenfreund,

herzlichen Glückwunsch! Du hast dich entschlossen, deinen Garten selbst zu gestalten und zu bepflanzen.
Im nächsten Schritt solltest du einiges entscheiden – soll dein Garten eher ein Nutzgarten oder ein Ziergarten sein? Im besten Fall ist er natürlich beides – und das ist heute gar kein Problem mehr.

Studentenblumen z.B. blühen fröhlich orange und sind ganz nebenbei echte Gesundmacher für deinen Gartenboden. Pflanze sie zwischen Gemüse und deine Nutzpflanzen werden vor schädlichen Fadenwürmern (Nematoden) im Boden geschützt. Und selbst Nutzpflanzen wie der Mangold mit seinen prächtigen Blättern, aromatische Paprika sowie Tomaten in Regenbogenfarben oder die silberblättrigen Artischocken mit ihren tollen Blüten und schmackhaften Früchten machen eine tolle Figur.
Ja, sogar Kübel, Hochbeete, Terrassen und Balkone bieten dir viele Möglichkeiten zum Gärtnern. Denn auch mit nur wenig Raum kannst du leckeres Gemüse, gesunde Kräuter und saftiges Obst anbauen. Und dir so z.B. einen eigenen kleinen Naschgarten anlegen.

Gartenplanung

Also starte auch dein „Projekt Garten" mit der Planung. Am wichtigsten dabei ist „Was wünscht du dir? Was möchtest du in deinem Garten tun?" Und wenn du deinen Garten z.B. ganz neu anlegst, geht es auch um so Grundlegendes wie „Wo ist der beste Platz, wo brauchst du Wege, Wasserleitung oder Strom?" „Wie viel Platz benötigen die Bäume, Sträucher und Hecken später?" Auch der Tageslauf der Sonne ist wichtig, denn alle Pflanzen brauchen genügend Licht. Möchtest du vielleicht auch ein Gewächshaus? Schließlich macht es dich unabhängig von Wind, Wetter und Jahreszeiten. Der beste Platz hierfür ist möglichst frei von Baumschatten und in Ost-West-Richtung – dann gedeihen deine Pflanzen auch gut.

Oder wie wäre es mit einem Hochbeet? Es erleichtert das Gärtnern, denn zum Säen, Pflanzen und Ernten musst du dich nicht bücken. Außerdem erspart es das Umgraben und bietet eine gute Alternative, wenn dein Garten einen verdichteten, tonigen und zu steinigen Boden aufweist. Außerdem ist so ein Hochbeet eine ideale Kinderstube für Saaten, Stecklinge und Jungpflanzen – Blumen ebenso wie Gemüse. Unter einer Abdeckung aus Vlies, Tunnel oder Frühbeetaufsatz wachsen sie geschützt und zügig heran. Auch Kinder haben hieran großen Spaß!

Der Boden ist dein wichtigstes Kapital

Natürlich sind Standort und Boden für deine Gartenerfolge besonders wichtig. Auf kultivierten Gartenböden z.B. wachsen fast alle Pflanzen ohne Probleme. Du kannst aber durch entsprechende Zugaben (z.B. Torf und Humusstoffe bei Moorbeetpflanzen, Lehm bei Sand) jeden Boden verbessern, so dass er speziellen Bedürfnissen entspricht.

Mutterboden
In der obersten, 20–40 cm tiefen Bodenschicht finden die Feinwurzeln beinahe aller Pflanzen Halt, Feuchtigkeit und Nährstoffe. Sie ist mit dunklem fruchtbarem Humus durchsetzt, und wird von Milliarden von Bodenkleinlebewesen wie Insekten, Bakterien und Pilzen belebt. Dieser Mutterboden ist sehr wertvoll für die Pflanzen und bei Baumaßnahmen sogar gesetzlich geschützt. Nur wenn der Boden durch tiefes Graben gelockert und ohne stauende Nässe ist, können sich deine Gehölze, Stauden und Gemüse auf Dauer gut entwickeln. Nach Baumaßnahmen ist es deshalb wichtig, entstandene Verdichtungen zu beseitigen. Dazu sollte sich der Bagger rückwärts so tief wie möglich „in die Erde beißend" aus dem Grundstück bewegen. Anschließend kannst du den Mutterboden durch Fräsen und Aussaat von Gründüngung wie Lupinen, Bienenfreund oder Perserklee beleben und verbessern bevor du dann deinen Garten anlegst.

Die Bodenarten

Lehmige und tonige Böden

Klebt feuchter Boden beim Zusammenpressen in deiner Hand zusammen, enthält er Lehm oder Ton. Ein geringer Lehmanteil ist gut und verbessert jeden Gartenboden. Besonders Rosen und viele Gemüse lieben solch einen Boden. Lehm hält die Feuchtigkeit und schafft mit seinem mittleren bis höheren Kalkgehalt eine stabile Struktur und ideale Bedingungen. Aber: Je mehr Ton ein Boden enthält, desto länger bleibt er im Frühjahr kalt. Und lässt sich sowohl bei Trockenheit als auch bei Nässe schwerer bearbeiten. Am besten klappt dies im Spätherbst und im zeitigen Frühjahr.
So einen Boden musst du tief lockern, damit die Feuchtigkeit abziehen kann. Durch häufiges Bearbeiten, das Beimischen von Sand und viel Humus (Kompost, Gründüngung) kannst du tonigen Lehmboden durchlässiger und luftiger machen. Am besten gräbst du deinen Boden vor dem Winter um. Dabei kannst du sogar die Sprengwirkung des Frostes nutzen, der die groben Schollen lockert. Mein Grüner Tipp: Lege deine Wege tiefer an als die Beete, so kann Regenwasser gut abfließen.

Pflanzen, die besonders gut auf einem lehmigen Boden wachsen:
Gemüse: Artischocken, Kohl, Porree.
Stauden: Pfingstrosen, Spornblumen, Bärenklau, Feuerlilien, Flammenblume, Lenzrose, Herbstzeitlose, Alpendistel, Alpenveilchen, Aronstab, Astilben, Diptam, Schneeheide (Erica carnea).
Weniger gut wachsen: Heide (Calluna), Quitten.

Sandige Böden

Trockener körniger Sand rieselt dir leicht durch die Finger und wenn du ihn zusammenpresst, fällt der Ballen auseinander. So ein Boden wird im Frühjahr schnell warm, er lässt sich immer leicht bearbeiten und nach Regen schon bald wieder betreten. Allerdings braucht er häufig Nachschub von Wasser, Humus und Dünger.
Durch Einmischen von mürbem Lehm, Tonmineralien und viel Humus (z.B. aus Gründüngung oder Kompost) kannst du den Boden verbessern.
Pflanzen, die gut auf Sandboden wachsen:
Gemüse: Möhren, Kartoffeln, Rübchen (Navets), Bleichspargel, Wurzelpetersilie.
Gehölze: Quitte, Wacholder (Juniperus)
Stauden: Besenheide, Blauraute, Frauenmantel, Gräser, Waldrebe, Feldthymian, Fetthenne, Heidenelke, Lilien, Strandnelke, Schafgarbe, Stockmalven.

Moor- und Humusböden

Sie enthalten reichlich sauren Torfhumus, sind nährstoffarm, locker, luftig und leicht, trocknen aber schnell aus. Moorböden findest du oft in feuchten Moor- und Heidegegenden sowie am Rand von Gewässern.
Fügst du genügend Kalk und Dünger hinzu, erhältst du aus Moorbeeterde ein gutes Pflanzsubstrat, in dem viele Pflanzen gedeihen. Mischst du Torf in andere Böden, kannst du damit den Kalkgehalt absenken und hast eine prima Erde für viele Pflanzen.
Pflanzen, die gut in saurem Moorboden wachsen: Azaleen, Cranberries, Heide, Heidelbeeren, Koniferen, Lavendelheide, Lorbeerrosen, Rhododendren, viele Farne, Gräser und Stauden wie Arnika, Himalayamohn, Primeln, Sumpf- und Uferrandstauden wie z.B. Waldprimeln, Etagenprimeln, Rosenprimeln sowie Knöterich sind optimal.
Eine Besonderheit sind Hortensien. Denn rosa und rote Sorten werden leuchtendblau, wenn sie auf saurem Boden (pH-Wert unter 5) wachsen. Durch spezielle Dünger oder Gießen mit Ammoniakalaun tritt der gewünschte Farbwechsel ein.

Die wichtigsten Bodenarten im Überblick

Bodenart	Beschreibung
Sandboden	Rinnt schnell durch die Finger, scharfkantig. Tongehalt bis 10%. Verbesserung durch lehmige Erde und Kompost.
Lehmiger Sand	Klebrig, Sandkörner deutlich fühlbar, krümelt beim Formen. Tongehalt bis 20%. Mit Humus gemischt guter Gartenboden.
Sandiger Lehm	Formbar, zerfällt aber rasch. Tongehalt bis 30%. Mit Humus gemischt guter Gartenboden.
Lössboden	Quarzsand, Lehm und Kalk, Tongehalt bis 40%. Körnchen nicht spürbar. Humuszufuhr günstig.
Reiner Lehm	Sandanteile, knirscht beim Reiben. Backt zusammen, solange feucht. Tongehalt bis 40%. Ständige Humuszufuhr wichtig.
Schwerer Lehm	Schmiert beim Reiben, formbar. Tongehalt bis 60%. Durch Zugabe von Sand und Humus kulturfähig.
Tonboden	Fein, glatt und seifig. Tongehalt über 60%. Gut formbar. Tiefes Umgraben sowie Sand- und Humuszufuhr notwendig. Drainage!
Kalk- oder Mergelboden	Schmiert bei Nässe. Besteht aus verschiedenen Bodenarten und Kalkstein.
Humusboden/Moorboden	Enthalten mindestens 30% organische Substanz. Kalk, Lehm und Sand verbessern die Bodenqualität.

Grundlagen

und praktische Tipps
für besseres Wachsen & Gedeihen

Ist der Boden zu sauer?

Ob Kalk fehlt, kannst du einfach durch einen pH-Test mithilfe von Teststreifen, Flüssigkeiten oder elektrischen Sonden ermitteln. Gut ist ein neutraler pH-Wert zwischen 6,6 und 7,5. Höhere Werte weisen auf kalkigen (alkalischen) Boden hin, Werte unter 5,5 sind nur für Moorbeetpflanzen erträglich. Mit der Zugabe von Garten- oder Algenkalk kannst du aber den pH-Wert zu saurer Böden aufbessern. So können die Pflanzen Nährstoffe leichter aufnehmen und der Boden wird fruchtbarer. Durch Ausstreuen von Kalk alle 3–4 Jahre verhinderst du eine Versauerung deines Bodens.

Bodenanalyse

Wenn du alles absolut richtig machen möchtest, dann solltest du dich – bevor du deinen Garten neu anlegst und danach alle 3–5 Jahre – anhand einer Bodenprobe über die Bodenart informieren, was deinem Boden fehlt und welche Hauptnährstoffe wie z.B. Phosphor und Kalium du düngen solltest.
Zusätzlich kannst du gegen Gebühr auch den aktuellen Gehalt an Stickstoff (N) in professionellen Labors ermitteln lassen. Die Landwirtschaftlichen Untersuchungs- und Forschungsanstalten (LUFA) der Bundesländer z.B. führen solche Tests durch und geben Tipps für deinen Boden. Dafür brauchst du einen Beutel voll Erde (ca. 500 g), die du an unterschiedlichen Stellen entnimmst.

Kompost und Humus aus dem eigenen Garten

Kompost ist für deinen Garten ganz wichtig! Er entsteht aus dem Kreislauf der Natur und mit ihm kannst du deinen Gartenboden verbessern. In der Natur fallen große Mengen an grünen Gartenabfällen und Laub an – aber schon nach wenigen Monaten ist davon nicht mehr viel zu sehen. Denn Milliarden von Kleinlebewesen wie Asseln, Regenwürmer, Bakterien und Pilze zersetzen organische Masse bis in die kleinsten Bausteine und schaffen so fruchtbare Komposterde. Diese verleiht deinem Boden eine lockere Struktur und dient neuen Pflanzen als Vorratsstube für Nährstoffe.

Ob Rasenschnitt, Reste vom Gemüsebeet und Stängel von Stauden und Gehölzen – alles wird zerkleinert und vermischt, so dass in Kompostmieten ein luftig-feuchter Haufen entsteht, in dem sich Kleinlebewesen entfalten können. In einem großen Komposthaufen können Temperaturen von mehr als 60 °C entstehen, die sogar alle Unkrautsamen sowie Krankheiten abtöten. Und wenn du deinen Kompost 2–3 mal „umschaufelst" entsteht nach etwa 1 bis 2 Jahren wertvoller und feinkrümeliger „Reife-Kompost", den du mit 2 bis 3 kg pro m^2 zur Bodenverbesserung auf Beeten ausbringen oder zum Pflanzen von Stauden und Gehölzen im Verhältnis 1:5 mit deinem Gartenboden vermischen kannst.

Aussaat- und Pflanzerden

Für optimales Gedeihen empfehle ich Spezialerde für Aussaat und Stecklingsvermehrung. Mit wenig Dünger, extrafeiner Struktur für gute Wasserführung und Belüftung kommt sie den Bedürfnissen der zarten Wurzeln von keimenden Samen und Stecklingen entgegen.

Gesunde Pflanzen – mehr Erfolg

Von Natur aus widerstandsfähig – resistente Sorten.
Du kannst dir die Arbeit im Garten sehr erleichtern, wenn du dich für Pflanzen bzw. Sämereien entscheidest, die entweder sehr widerstandsfähig oder aber sogar resistent gegen bestimmte Krankheiten oder Schädlinge sind. Dabei handelt es sich nicht etwa um gentechnisch veränderte Pflanzen, sondern bei diesen Sorten ist es Züchtern gelungen, von Natur aus gesunde Pflanzen weiterzuentwickeln. Du möchtest ja z.B. dein Gemüse oder Obst nicht noch zusätzlich spritzen müssen, sondern es unbehandelt genießen!

Naturgemäß gibt es Abstufungen von absoluter Gesundheit bis zur mäßigen Resistenz (Toleranz). Bei letzterer sind die Sorten so widerstandsfähig, dass sie nur schwach erkranken und weder Wachstum noch Ernte stark beeinträchtigt werden.

Salat-Blattlaus-resistent:
Keiner will Läuse im Salat. Und spritzen will man auch hier nicht. Was kannst du also tun? Die Lösung sind auch hier neueste Salat-Züchtungen (keine Gentechnik!), die von Salat-Blattläusen nicht mehr befallen werden.

Schneckenfest:
Zum Glück gibt es ja Pflanzen, die den Schnecken nicht schmecken, und von ihnen verschont bleiben. Hierzu zählen z.B. Nelken und Löwenmäulchen.

Mit Naturextrakten behandeltes Korn:
Ein mit NATUR-EXTRAKTEN behandeltes Samenkorn wurde mit dem so genannten INKRUSAAT-Verfahren veredelt. Es fördert die Keimung, kräftigt die Jungpflanzen und hemmt den Pilzbefall. Die so gekennzeichneten Sorten sind ausgesucht nach gesundem Wuchs, hohem Ertrag, gutem Geschmack und wertvollen Inhaltsstoffen.

So wird ein Saatbeet ideal vorbereitet:

Schon ab Mitte Februar kannst du die ersten Möhren, Wurzelpetersilie und Puffbohnen aussäen. Von Ende März bis Anfang April folgen Radieschen, Rettiche, Salate sowie wenig empfindliche Sommerblumen.

Ganz egal, ob du deinen Boden im Herbst umgräbst oder aber nach Biomanier im Spätwinter mit dem Sauzahn lockerst, der Boden darf kurz vor der Aussaat nicht mehr tief gelockert werden. Damit diese sicher gelingt, muss der Boden nämlich schon gut abgesetzt sein. Darin haben sich dann viele enge Kapillarröhrchen gebildet, in denen die Winterfeuchte nach oben steigt und verdampft. Keimende Samen und Jungpflanzen profitieren hiervon.

Gelangen die Samen durch falsche Bodenbearbeitung in lockeres Erdgemisch, fehlt die natürliche Feuchte und ihnen droht das Austrocknen. Verteile daher erst Nährstoffe und reifen Kompost zur Humusanreicherung und lockere die Bodenkruste nur 3 bis 5 cm tief, z.B. mit einem Grubber. Durch das Einebnen mit einem Rechen wird beides vermischt und ein feinkrümeliges Saatbeet entsteht.

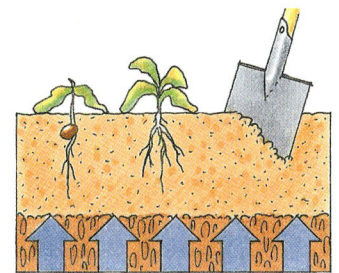

Zu tief gelockert – die Samen sind durch Austrocknen gefährdet.

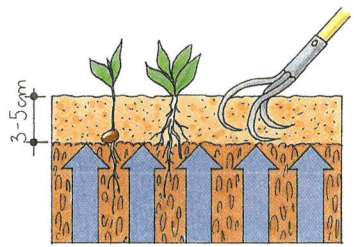

Richtig: Der Boden wurde nur 3–5 cm flach gelockert. Die Samen profitieren von der aufsteigenden Feuchte.

Als nächstes teilst du die Beete ein. 120 oder auch 100 cm Breite haben sich als sehr praktisch zum Säen, Bearbeiten und Ernten erwiesen. Mit einem Reihenzieher oder mit Schnüren und Hacke kannst du die Saatrillen im gewünschten Abstand ziehen. Nach dem Aussäen musst du durch sorgfältiges Andrücken für intensiven Bodenschluss sorgen. Und achte darauf, dass die keimenden Samen nicht austrocknen!

Dammkultur
Auf schweren sowie lehmig-tonigen Böden ist die Aussaat oftmals durch Verschlämmen und Verkrusten der Saatrille gefährdet. Die zarten Sämlinge verkrüppeln dann oder ersticken. Das kannst du aber ganz leicht verhindern: Häufle die Erde zu einem etwa 15 cm hohem Damm an, ziehe oben eine 2 bis 3 cm flache Rille und lege den Samen darin aus. Fülle die Rille mit lockerer Aussaaterde oder Kompost auf, drücke leicht an und halte dann alles bis zum Anwachsen gut feucht. Dies hat sich besonders gut bei Möhren, Gurken und Bohnen bewährt.

Wie lagerst du Saatgut?

Lagere das Saatgut bis zur Aussaat trocken, dunkel und kühl (optimal sind + 8 bis 14 °C). Hast du keinen entsprechenden Raum, kannst du sie auch in fest verschließbaren Behältern (z.B. einem dunkel gefärbten Schraubdeckelglas) aufbewahren. Bitte bewahre das Saatgut nicht in einer Laube auf, denn dort ist die Luft zu feucht, die Tüten werden klamm und der Samen verliert an Keimkraft. Auch Keimschutzpackungen solltest du bald verbrauchen, sobald sie einmal geöffnet sind.

Saatbänder

Gemüse-Aussaat leicht gemacht
Auch Blumen schnell gesät
Für Anfänger und Garten-Profis

Was alles?
Möhren, Radieschen, Zwiebeln, Salate, Rote Bete, Sommerblumen.

Günstige Aussaatzeit:
März bis August

Mit Saatbändern ist das Aussäen kinderleicht und ganz bequem. Selbst wenn du ein gerade frisch gebackener Garten-Besitzer bist, wird das Ergebnis erfolgreich sein. Eine interessante Auswahl von Gemüsen, Kräutern und Blumen steht dir zur Verfügung.

Saatbänder sind Streifen aus Vlies-Papier, das später rasch verrottet und zu Humus zerfällt. Die enthaltenen Samen sind schon im jeweils optimalen Abstand ausgelegt. Damit ersparst du dir das mühsame Vereinzeln, denn meist stehen nach dem Aufgang die Keimlinge viel zu dicht. Sie würden sich stark drängen, gegenseitig behindern und zum Schluss verkrüppeln.

Das Saatband kannst du ganz nach Bedarf in der gewünschten Länge auslegen. Ideal sind sie nicht nur für Beete, sondern auch für Gefäße auf Balkonen und Terrassen.

1 Mit dem Saatband ersparst du dir das mühsame Vereinzeln der Sämlinge, denn hochkeimfähiges Saatgut ist direkt im optimalen Abstand ins Band aus verrottbarem Papiervlies eingearbeitet.

2 Bereite ein gut gelockertes und feinkrümelig geharktes Beet und ziehe dann 1 cm tiefe Rillen im Abstand von 10–15 cm. Mit einer seitlich straff gespannten Schnur werden diese Reihen schön gerade.

3 Lege das Saatband in der Rille aus. Vorher kannst du es beliebig auf die Beetlänge zuschneiden. Durch Eindrücken der Enden und Fixieren mit etwas Erde verhinderst du auch an windigen Tagen das Wegflattern.

4 Gieße deine Saatbänder noch in der offenen Rille mit weichem Strahl oder einer Brause an. Damit schmiegen sich die Samen fest an die Erde und bekommen den notwendigen Bodenkontakt.

5 Ziehe mit der Harke lockere Erde heran und fülle damit die Rillen. Anschließend drückst du die Erde auf der Rille mit dem Harkenrücken fest an.

6 Durch nochmaliges Gießen schließen sich letzte Lücken. Der Samen liegt nun feucht umschlossen und beginnt so schnell und sicher zu keimen.

Deckst du das Saatbeet gleich nach der Aussaat mit einem Schutznetz ab, musst du dir um Schädlinge wie zum Beispiel Gemüsefliegen mit ihren Maden, Erdflöhe, Raupen, hungrige Vögel, zuwandernde Schnecken oder Hagel keine Sorgen mehr machen.
Das luftige Gespinst lässt Regen durch, schafft ein günstiges Wuchsklima und sorgt so auf Bio-Art für appetitliches frisches Gemüse, dessen Genuss echte Freude macht.
Das Schutznetz wird mit Steckern im Boden befestigt. Einmal angeschafft, kannst du es immer wieder verwenden. Nach wenigen Wochen kannst du dich z.B. wie auf dem Foto an knackigen mildwürzigen Radieschen erfreuen. Jede Knolle fällt perfekt aus, aufgrund des richtigen Abstands im Band.

Saatscheiben

Ideal für Kräutertöpfe
Aroma von der Fensterbank
Würze frisch vom Balkon

Petersilie

Was alles?
Petersilie, Basilikum, Rauke, Schnittlauch.

Günstige Aussaatzeit:
Februar bis August

Saatscheiben sind für Topf- und Balkongärtner ideal, vor allem wenn es um Kräuter geht.

Auch Kinder haben viel Spaß an der besonders einfachen Methode. Die dünnen Scheiben aus leicht verrottbarem Vlies-Papier enthalten den Samen bereits im richtigen Abstand und in der optimalen Menge eingebettet. Damit entfällt ein späteres Verziehen der Sämlinge. Mit ihrem Durchmesser von 10 cm sind sie passend für die gängigsten Topfgrößen.

Ideal auch für die Kultur im Haus auf einer hellen, aber nicht prallsonnigen Fensterbank, zum Beispiel in der Küche. Saatscheiben kannst du nicht nur in Töpfen, sondern genau so gut auch nebeneinander in Balkonkästen oder anderen Gefäßen auslegen. Mit weiteren Sorten kombiniert, entsteht so dein ganz persönliches Mini-Kräuterbeet.

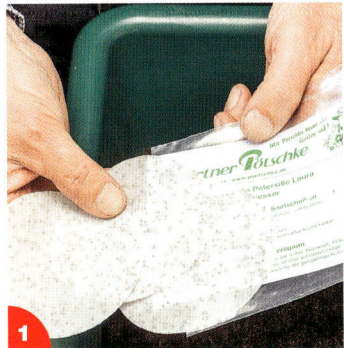

In den praktischen Saatscheiben sind die Samen im fachgerechten Abstand in ein rasch abbaubares Papiervlies eingearbeitet.

Fülle einen Topf mit einem Durchmesser von 10–11 cm mit z.B. Gärtner Pötschkes Aussaat- und Pikiererde. Streiche die Oberfläche glatt und drücke die Erde mit den Fingern leicht an.

Lege die Saatscheibe auf die Erde. Idealerweise deckt sie die Oberfläche genau passend zum Topf ab und es bleibt noch ein kleiner Rand frei. Die Scheiben können aber auch mit einer Schere an den Topf-Durchmesser angepasst werden.

Besprühe die Saatscheibe mit feiner Brause. Dabei schmiegen sich die enthaltenen Samen dicht an die Erde und erhalten so die zum Aufquellen und Keimen nötige Feuchtigkeit.

Krümele nun eine dünne Schicht von 2–3 mm Erde darüber. Mit dem Abdecken erhält die Saatscheibe Halt und der Keimvorgang kann im Dunkeln beginnen.

Befeuchte alles durch mehrfaches Sprühen mit feiner Brause und stelle den Topf an eine helle aber nicht prallsonnige Stelle. Achte im weiteren Verlauf darauf, dass die Erde nicht austrocknet.

Der grüne Tipp®

Die Schale eines Zimmergewächshauses eignet sich bestens als Untersatz, um darin Töpfe mit Saatscheiben und andere Anzuchten auf einer Fensterbank sauber und pflegeleicht aufzustellen. Denn wenn du einmal zu viel gießt, dann läuft kein Wasser die Fensterbank entlang.

Saatteppiche
Bunte Blumenmischungen oder frische Salate

Einfach ausrollen

Beliebig zuschneiden

Was alles?
Bunte Blumenmischungen wie z.B. Duft- und Bienenweide, Blattsalatmischungen wie z.B. Babyleaf, Feldsalat.

Günstige Aussaatzeit:
Ende März bis Juni

Für alle, die sich eine kinderleichte Aussaat im Freien wünschen, sind Saatteppiche eine gute Lösung.

In den 0,20 x 3 Meter langen Streifen aus dünnem Vlies-Papier sind die Samen im richtigen Abstand fachgerecht ausgelegt, so dass ein späteres Vereinzeln oder Pikieren nicht mehr nötig ist.

Gut bewährt haben sich Saatteppiche von leckerem Feldsalat und knackigbunten Salatwiesen, die du viele Wochen lang taufrisch abernten kannst. Nichts verkehrt machst du mit dieser Saatmethode, wenn es um prächtig bunte Sommerblumen-Mischungen geht. In voller Sonne oder im Schatten, am Gartenzaun, auf Beeten oder für Balkonkästen und auch Kübel passend zugeschnitten, sie gedeihen überall schnell und blühen lange bis zum Frost.

Die bunte Vielfalt entzückt Augen und Nase und zugleich freuen sich viele Schmetterlinge, Bienen, Hummeln und Nützlinge im Garten über dein üppiges Pollen- und Nektar-Angebot.

Bunte Blumenmischung

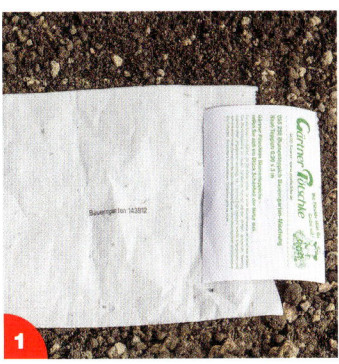

Der Saatteppich aus leicht verrottbarem Papier enthält ein fachgerecht verteiltes Saatgut. Du musst ihn nur in der passenden Länge zuschneiden und dann auf einem fein gekrümelten Boden ausrollen.

Ganz einfach lassen sich mit ihnen auch Gartenecken gestalten. Fixiere zunächst die Enden der Saatteppiche mit etwas Erde, damit sie nicht vom Wind erfasst werden können.

Damit die Samen gut keimen, gießt du jetzt schon mit feiner Brause an. Damit schmiegen sie sich an den Boden und erhalten die notwendige Feuchtigkeit durch den Erdkontakt.

Streue anschließend eine dünne Schicht feinkrümmeliger Erde darüber. Das schützt den Teppich vor Wind, Austrocknen und macht ihn unsichtbar für hungrige Vögel.

Gieße nun abschließend mit feiner weicher Brause alles gründlich an. Das setzt die schnelle Keimung in Gang. Damit sie erfolgreich gelingt, darfst du das Beet bis zum Aufgang nie austrocknen lassen.

Die Aussaat ist gelungen, die jungen Blumen wachsen schnell heran und bald wird die Blüte beginnen. Falls nötig, kannst du jetzt konkurrierende Unkräuter und Gräser entfernen.

Mit einem Stecketikett aus Kunststoff kannst du markieren, was und wo du ausgesät hast. Diese nützliche Info hilft bei der Pflege und schützt vor Verwechselungen.

Saatplatten
für Balkonkästen

Minigärten auf Balkon und Terrasse

Gärtnern auf die leichte Art

Was alles?
Mini-Blumenwiesen,
Blattsalat-Mischungen,
Balkonkräuter

Günstige Aussaatzeit:
Ende März bis August

Gärtnern klappt auch ohne Beete und zwar kinderleicht. Wer keinen Garten hat, kann sich mit meinen praktischen Saatplatten sogar als Balkon-, Terrassen-, Stadt- und Urban-Gärtner an frischen Ernten und bunter Blütenpracht erfreuen.

Mit ihrem Format von 38x17 cm passen sie in Balkonkästen und Kübel. Das geprüfte hoch keimfähige Saatgut ist in ihnen schon im optimalen Abstand ausgelegt, deshalb ist ein Verziehen nach dem Aufgang unnötig. So macht der Anbau von z.B. appetitlich knackigem Baby-Blattsalat und würzigen Kräutern wie Basilikum, Petersilie oder Rucola Riesenspaß.

Und mit einer bunten Miniblumenwiese kannst du dein Balkonparadies auch ohne den berühmten „Grünen Daumen" in ein leuchtendes Blütenmeer verwandeln. Beobachte dabei aus nächster Nähe die vielen Bienen, Hummeln und Falter, die sich emsig am reichlichen Pollen und Nektar laben.

Mini-Blumenwiese

1 Fülle einen Balkonkasten mit einer guten Pflanzerde bis ca. 1–2 cm unter den Rand, streiche dann die Oberfläche gleichmäßig glatt und verdichte alles leicht mit den Händen.

2 In den Saatplatten sind die Samen präzise und in der fachgerechten Menge abgelegt. Das erspart dir das ein wenig mühsame Vereinzeln bei zu dichtem Stand der jungen Pflänzlein.

3 Lege die Saatplatte wie gewünscht auf der Erde aus. Mit einer Schere kannst du sie dem Balkonkasten und deinem Bedarf entsprechend zuschneiden.

4 Im nächsten Schritt gießt du die Saatplatte mit feiner Brause an. Dadurch schmiegt sie sich samt dem enthaltenen Samen an die Erde, liegt nicht lose und erhält den nötigen Kontakt, den die Samen zum Keimen brauchen.

5 Decke die Saatplatten ca. 0,5 cm flach mit etwas Erde ab, glätte die Oberfläche vorsichtig mit den Händen und drücke alles leicht an.

6 Durch das gründliche Befeuchten mit einer feinen Brause beginnt die Keimung sehr schnell. Jetzt nicht mehr austrocknen lassen. An einer hellen Stelle im Freien erscheinen schon bald die zarten Blättchen.

Mit meiner Babyleaf-Saatplatte kannst du einfach zarte Salatblätter vom Balkon ernten. Schneide die Blätter beim Ernten nur so tief (ca. 7–8 cm) ab, dass sich aus den Blattherzen immer wieder neue Blätter entwickeln können. So kannst du nach jeweils ca. 3 Wochen schon wieder ernten, vom Frühling bis zum Herbst insgesamt 3–5 mal.

Buschbohnen

Lecker und gesund

Wochenlang immer frisch ernten

Portionsweise eingefroren lange haltbar

Was alles?
Buschbohnen, Auskernbohnen, Brechbohnen, Dicke Bohnen, Filetbohnen, Wachsbohnen, Prinzenbohnen.

Günstigste Aussaatzeit:
April bis Juni

Buschbohnen und Dicke Bohnen wachsen sehr einfach, bieten über lange Zeit hohe Erträge, sie sind gesund und schmecken ausgezeichnet. Du kannst sie einfrieren, einwecken oder auch sauer einlegen. Verzehre die Hülsen jedoch nie, auch für Salate, roh. Das in ihnen enthaltene Eiweiß Phasin wird erst durch Erhitzen genießbar. Weil die gelben Hülsen der Wachsbohnen besonders knackig sind, eignen sie sich hervorragend für Bohnensalat. Blaue Hülsen werden beim Kochen dunkelgrün, du wirst ihren kräftigen Geschmack lieben. Die feinen Filet- und Prinzess-Bohnen erntest du am besten noch jung. Ihr Superaroma bleibt auch nach dem Kochen erhalten.
Als Tropenkinder benötigen Bohnen stets feuchten Boden und reichlich Wärme mit einer Bodentemperatur über 12 Grad. Bei nasskalter Witterung wartest du mit dem Aussäen am besten auf wärmere Tage. Das Abdecken mit Vlies, Lochfolie oder Insektenschutznetz bringt Vorteile: Zum einen keine Attacken durch hungrige Vögel und zum anderen eine höhere Bodentemperatur und damit schnelleres und besseres Keimen.

Bereite an einem schönen Tag den Boden tiefgründig gelockert und krümelig vor. Der optimale Abstand von Reihe zu Reihe beträgt 30 bis 40 cm. Praktisch ist ein Reihenzieher, auf ihm kannst du Abstände und Reihen zugleich einstellen.

Damit die Reihen schön gerade ausfallen, spannst du straff am Beetrand eine Schnur. An ihr entlang ziehst du rückwärts laufend flache Rillen entweder mit dem Harkenstiel oder mit dem Reihenzieher.

4–5 cm Tiefe sind optimal, denn die keimenden Samen brauchen viel Luft, sie wollen „die Glocken läuten" hören, so sagt man. Damit sie bei Nässe nicht verfaulen, dürfen sie nicht zu tief in den Boden gelangen.

8–10 cm von Korn zu Korn ist ein optimaler Abstand. Alternativ dazu kannst du auch alle 40 cm ca. 6–8 Samen in Häufchen auslegen. Mit dieser „Horstsaat" erreichst du eine bessere Standfestigkeit in windigen Lagen.

Die relativ großen Buschbohnen-Samen kannst du mit den Fingern gut fassen. Lege sie einzeln und möglichst gleichmäßig flach in der Rille aus.

Ziehe nun mit der Harke die aufgeworfene Erde heran und decke damit die Rille zu. Achte darauf, dass die Bohnensamen in der Rille im richtigen Abstand liegen bleiben.

Wichtig ist das Andrücken der Erde mit dem Harkenrücken. Eventuell verbliebene Luftlöcher werden damit beseitigt und die Samen erhalten Anschluss an die Bodenfeuchte.

Gieße alles mit schwacher Brause fein verteilt gründlich an, dabei den Boden nicht verschlämmen. Danach beginnen die Samen mit dem Keimen. Nicht austrocknen lassen.

Der Aufgang der Saat ist gelungen. Neben 2 Reihen in Reihensaat wurde ein dritte in Horstsaat gesät. Mit dieser Methode stehen hohe Sorten besser aufrecht und fallen nicht um.

Stangenbohnen

Robust und immer ertragreich
Als Feuerbohne ein hübscher Ranker
Hülsen mit exzellentem Geschmack

Was alles?
Stangenbohnen, Prunkbohnen, in Weiß und Rot blühend; Feuerbohnen in Rot blühend.

Günstige Aussaatzeit:
Anfang Mai bis Mitte Juni

Prunk- oder Feuerbohnen sind so vielseitig wie kaum ein anderes Gemüse. Als üppig wachsende Kletterpflanzen bedecken sie in Windeseile Rankgerüste, Zäune und Wände, sogar in Gefäßen auf dem Balkon. Dazu schmücken sie sich mit attraktiven Blüten. Darauf folgen Riesenerträge an langen flachen Hülsen, die sich gut für Suppen oder als Gemüse eignen.
Die etwas anspruchsvolleren Stangenbohnen haben feinere Hülsen in Grün, Gelb und Blau. Diese sind zarter und milder im Geschmack.

Der grüne Tipp®

4–5 cm beträgt die optimale Saattiefe. Die keimenden Samen brauchen neben Feuchte auch viel Sauerstoff. Vermeide deshalb kaltes regnerisches Wetter und säe nicht zu tief. Sobald die jungen Triebe 20–30 cm hoch sind, legst du sie an die Stangen, die du jeweils gegenüber in den Boden stecken und am oberen Ende verbinden kannst. Es gibt auch so genannte Bohnenzelte, wie ich sie rechts auf den Fotos verwendet habe. Damit finden sie sicheren Halt und schlingen bald von selbst weiter.

Feuerbohne

Bereite den Boden tiefgründig gelockert vor. Auf lehmigem Boden eignet sich dafür ein Spaten, auf sandiger Erde genügt das Durchziehen kreuz und quer mit einem Grubber.

Durch Harken wird der Boden schön krümelig. Weil sich Bohnen als Schmetterlingsblütler selbst mit Stickstoff aus der Luft versorgen können, brauchen sie keine Grunddüngung.

Die langen Triebe winden sich bis 2 Meter hoch. Dazu brauchen sie Rankhilfen durch Stangen, Netze oder an einem Bohnenzelt wie hier, an dem sie nach allen Seiten blühen und Ertrag bringen können.

Die Schnüre eines Bohnenzeltes verbindest du unten und oben mit dem Stangengerüst. Zusätzlich wird die Konstruktion mit in den Boden gesteckten Haken befestigt.

Die sehr großen, attraktiv gefleckten Prunkbohnen-Samen lassen sich mit den Fingern leicht greifen und ausbringen.

Forme mit der Harke im Abstand von ca. 40 cm eine ovale Rille, (bei Stangen formst du eine runde). Lege darin gleichmäßig verteilt 4–6 Samen im Abstand von 8–10 cm aus.

Ziehe danach mit der Harke Erde darüber, so dass die Rille gefüllt wird und die Samen überall ausreichend bedeckt sind.

Wichtig ist das Andrücken der Erde mit dem Harkenrücken. So wird der Samen fest von Erde umgeben, erhält Anschluss an die Bodenfeuchte und trocknet nicht aus.

Gieße die Aussaat mit weichem Strahl mehrfach gründlich an, ohne den Boden zu verschlämmen. Auch später immer gut wässern!

Erbsen

Frisch genascht am besten

Süße Schoten und Körner

Für Deftiges und feine Gourmet-Küche

Was alles?
Schalerbsen, Markerbsen, Zuckererbsen, d.h. Kaiserschoten und Knackerbsen

Günstige Aussaatzeit:
Mitte März bis Anfang Juni

Erbsen schmecken am besten, wenn du sie frisch aus dem Garten verzehrst – wahrlich ein unvergessliches Erlebnis! Sie gliedern sich in 3 Gruppen: Schalerbsen sind robust, können als erste ausgesät und früh geerntet werden.
Markerbsen reifen etwas später, dafür bleiben aber die größeren Körner lange zart und ihr Aroma ist besonders süß.
Eine Delikatesse sind die Zuckererbsen. Ihre süßen Körner werden mitsamt den zarten Hülsen genossen. Als flachhülsige „Kaiserschoten" oder auch „Knackerbsen" mit größeren Körnern sowie saftigen Hülsen schmecken sie in Butter geschmort unvergleichlich gut.
Alle Erbsen eignen sich gut zum Einfrieren. Am besten baust du alle Typen an. Mit mehltauresistenten Sorten sind Aussaaten bis Mitte Juli möglich, so kannst du noch bis in den Oktober hinein Erbsen ernten.

Der grüne Tipp®

Bei einer Wuchshöhe von etwa 20 cm häufelst du die Triebe mit der Hacke ca. 10 cm hoch mit Erde an. So verbesserst du die Standfestigkeit und die Wurzelbildung.

Markerbsen

Bereite den Boden tiefgründig aufbereitet vor. Hierfür eignen sich auf verfestigtem Grund der Spaten, auf einem lockeren oder sandigen Boden eher ein Grubber.

Anschließend harkst du die Oberfläche sauber ab und richtest damit ein ganz feinkrümeliges Saatbeet her. Düngen ist nicht nötig, denn Erbsen versorgen sich als Schmetterlingsblütler selber mit Stickstoff.

Die robusteren zeitigen Schalerbsen kannst du schon ab Mitte März aussäen. Saatzeit für die aromatischen Markerbsen sowie Zuckererbsen ist zwischen Anfang April und Mitte Juni.

Ein guter Abstand zwischen den Reihen ist 30 cm, bei hohen Sorten 40 cm. Ziehe entlang einer Schnur z.B. mit einem Rillenzieher oder einem Stiel eine 3–5 cm tiefe Rille und lege darin die Samen im Abstand von ca. 5–10 cm aus.

Ziehe anschließend mit der Harke Erde darüber. Damit füllt sich die Rille und die Samen werden mit Erde umschlossen.

Damit der Samen nicht lose liegt und festen Kontakt mit dem Boden sowie der stets nach oben steigenden Feuchte erhält, ist das Andrücken der Rille mit dem Harkenrücken wichtig.

Achte nun beim gründlichen Angießen darauf, dass die Bodenoberfläche nicht verschlämmt. Das erreichst du durch eine feine Verteilung und mehrfaches Befeuchten mit weichem Strahl.

Mit Ausnahme der niedrig wachsenden sowie sich selbst stützenden Erbsen-Sorten benötigen alle Erbsen Halt. Mit Blattranken hangeln sie sich an Rankgittern, Netzen oder Zweigen empor.

Stecke eine Haltevorrichtung mitten zwischen die Reihen. Wenn sich die Triebe strecken, legst du sie von beiden Seiten an. Damit erhalten sie Kontakt und wachsen von selbst in die Höhe.

Blattgemüse

Spinat & Co. einfach ins Beet säen

Wenig Aufwand, viel Ertrag

Zarte Blätter frisch ernten und zubereiten

Was alles?
Spinat, Kopf- und Eissalate, Pflück- und Babyleaf-Salate, Mangold, Rucola, Gartenkresse, Feldsalat, Radicchio, Frühlings-, Lauch- und Perlzwiebeln.

Günstige Aussaatzeit:
Anfang März bis September

Spinat kannst du selbst ohne Übung ganz einfach direkt in Reihen aussäen.

Auch bei anderen Blattgemüsen und Salaten darfst du auf das Verziehen nach dem Aufgang getrost verzichten. Du musst nur noch ausreichend gießen, schon wachsen sie innerhalb von wenigen Wochen in den Reihen zu üppigen Ernten heran.

Mit etwas Übung kannst du auch die Zwiebeln so dünn verteilt aussäen, dass du ohne das mühsame Vereinzeln auskommst.

Ein Vorteil der Reihensaat ist, dass du Unkräuter mit Grubber oder Hacke leicht bekämpfen kannst. Außerdem kannst du herangereifte Blätter schnell und mit wenigen Schnitten ernten.

Spinat

1. Weil Spinat verdichteten Untergrund und stauende Nässe nicht so gut verträgt, lockerst du den Boden zunächst durch Umgraben oder tiefes Durchreißen kreuz und quer mit einem Grubber.

2. Richte nun das Saatbeet feinkrümelig her. Arbeite dabei in den Boden als Nährstoffvorrat 30 g pro m² z.B. Gärtner Pötschkes Pflanzenfutter komplett ein.

3. Ziehe entlang einer Schnur mit der Harke oder mit einem Reihenzieher im Abstand von 25 cm ca. 1–2 cm flache Rillen. Bringe darin den Samen gleichmäßig und dünn verteilt aus.

4. Schließe anschließend die Rillen mit der Harke durch beidseitiges Heranziehen von etwas lockerer Erde. Achte dabei darauf die offene Rille mit Erde so aufzufüllen, daß die abgelegten Samen an ihrem Platz verbleiben.

5. Drücke die bedeckten Reihen mit dem Rücken der Harke fest an. Die Samen erhalten so den notwendigen Anschluss an die Bodenfeuchte und sind nicht durch Austrocknen gefährdet.

6. Durch wiederholtes Angießen mit feiner Brause setzt du die Keimung in Gang. Dabei werden die Samen ringsherum von feuchter Erde umschlossen. Dabei darf der Boden jedoch nicht verschlämmen.

Der grüne Tipp®

Je nach Sorte gehen Spinat und auch Salate ab dem Frühsommer rasch in Blüte über. Diese auch „Schosser" genannten Exemplare kannst du dann zumeist nicht mehr ernten. Wenn du aber schossfeste Sommersorten wählst, kannst du selbst in den heißen Wochen noch lange und viel ernten.

Feldsalat

Einmal säen, dann einfach wachsen lassen

Frisch nach Bedarf ernten
Zart-frische Blätter von mild bis pikant

Was alles?
Feldsalat, Spinat, Rucola, Babyleaf-Salat, Gartenkresse, Salatmischungen, z.B. asiatische oder italienisch.

Günstige Aussaatzeit:
Ende Juli-Anfang August zur Ernte im Herbst, bis Anfang Oktober zur Überwinterung. Schossfeste Sorten kann man auch im Frühjahr und Sommer aussäen.

Sie alle kann man ganz einfach breitwürfig direkt ins Beet aussäen.

Willst du nicht alles auf einmal abernten, sondern dich über einen Zeitraum an frischem Gemüse und Kräutern erfreuen, ist diese einfache Aussaatmethode ideal.
Du schneidest immer nur die größten Blätter heraus, der Rest darf weiter wachsen, bis du wieder Lust auf dieses Gemüse hast.

Wichtig ist, dass das Beet zur Aussaat möglichst unkrautfrei ist. Breitwürfige Saat passt besonders zu Blattgemüsen sowie italienischen oder asiatischen Salatspezialitäten.

Du kannst so auch prima Hoch- oder Frühbeete nutzen. Selbst auf Balkonen und Terrassen in Kästen und Schalen lässt sich so Gemüse einfach selbst anziehen.

Mit dem feinen Samen des Feldsalates lassen sich frei gewordene Beete nach Sommergemüse wie Bohnen, Erbsen, Salat oder Kohlrabi zur Herbsternte oder auch zur Überwinterung nutzen.

Bereite das Saatbeet feinkrümelig her. Ideal ist ein gleichmäßig feuchter Boden. Dünger braucht der genügsame Feldsalat nicht. Verteile den Samen breitwürfig dünn und gleichmäßig im Abstand von 3–5 cm.

Harke den Samen nur ganz leicht ein, denn er braucht zum Keimen Licht. Achte ebenso drauf, dass die Samen auch nach dem Harken gleichmäßig verteilt bleiben.

Wichtig ist das feste Andrücken mit dem Rücken der Harke, denn damit erhält der Samen den wichtigen Kontakt zum feuchten Boden. Für gutes Keimen darf die Saat nicht lose liegen.

Streue ganz dünn (1–2 mm) etwas Erde darüber. Damit bleibt die Oberfläche während des Keimvorgangs von 2–3 Wochen länger feucht und trocknet nicht so leicht aus.

Befeuchte alles sorgfältig mehrmals mit weicher feiner Brause ohne dass die Bodenoberfläche verschlämmt. Bis zur Keimung nicht austrocknen lassen.

Wenn du beim Feldsalat immer die größten Blattrosetten herausschneidest, können benachbarte Pflanzen den frei gewordenen Platz ausfüllen. Die Ernte verteilt sich so über viele Wochen.

Kohlgemüse und Salate

Kräftige Jungpflanzen geschützt anziehen
Direkt ins Gemüsebeet verpflanzen
Leckeres Kohlgemüse und frische Salat-Spezialitäten

Was alles?
Rot- und Weißkohl, Grünkohl, Chinakohl, Kohlrüben, Wirsing, Kohlrabi, Rosenkohl, Brokkoli, Kopf-, Eis- und Endiviensalate.

Günstige Aussaatzeit:
März bis Mai

Ein oben offenes Saatbeet ist eine nützliche Sache, besonders wenn es als Kasten mit Wänden aus Holz oder Kunststoff Schutz vor austrocknendem Wind und Schädlingen bietet.
Sobald der Winter mit harten Frösten vorbei ist, finden diese robusten Gemüse-Aussaaten hier ein geschütztes Areal. Später kannst du dann etappenweise mit der Anzucht von Jungpflanzen für die nächsten Ernten beginnen und diese je nach Ernte und Platz ins Gemüsebeet verpflanzen.
Dazu sollten die Pflänzchen etwa handhoch sein, reichlich Wurzeln oder einen kleinen Ballen entwickelt haben, der ihnen zu einem guten Start nach dem Auspflanzen verhilft.

Der grüne Tipp®

Durch Abdecken des Frühbeetes mit luftigem Vlies schaffst du ein günstiges Kleinklima mit gespeicherter Sonnenwärme und hoher Luftfeuchtigkeit. Das Beet trocknet weniger aus und ist vor Schädlingen geschützt. Durch das Vlies kannst du problemlos gießen, auch Regen dringt durch.

Rotkohl

Im Schutz eines Saatbeetes gelingt ab April die preiswerte Anzucht von Jungpflanzen besser als im Freien. Fülle zunächst 10-15 cm hoch Kompost oder eine Pflanzerde ein.

Anschließend folgt eine mindestens 5-10 cm hohe Schicht von z.B. Gärtner Pötschkes Aussaat- und Pikiererde. Diese ist besonders durchlässig, ihre Bestandteile fördern Keimung und Wurzelbildung.

Ziehe mit der Handkante oder mit einem Stiel eine ca. 1 cm tiefe Saatrillen im Abstand von 10 cm. Du kannst zugleich mehrere Gemüse mit ähnlichen Ansprüchen heranziehen.

Bringe den Samen dünn und gleichmäßig verteilt aus. Mit etwas Übung kannst du den Samen vorsichtig aus der Tüte schütteln. Ein leichtes Beklopfen der Tüte hilft dabei. Markiere die Reihen mit einem Stecketikett.

Ziehe mit den Fingern etwas Erde über die Rillen und schließe sie damit. Mit dem Handrücken kannst du anschließend die Erde andrücken und damit für Bodenschluss sorgen.

Befeuchte das Saatbeet gründlich mit feiner Brause und weichem Strahl ohne dabei die Erde zu verschlämmen. Wichtig: Bis zum Verpflanzen die Jungpflanzen nicht austrocknen lassen.

Nach 3-4 Wochen haben die Jungpflanzen die Größe zum Auspflanzen erreicht. Mit der Pflanzkelle lockerst du gleich mehrere und ziehst sie ohne die Wurzeln zu beschädigen vorsichtig heraus.

Das vorgesehene Beet hast du inzwischen gedüngt. Setze deine Pflanzen dann bis zu den untersten Blättern in Löcher, die mindestens 1 ½ so breit und tief sind wie die Wurzeln.

Je nach Sorte beträgt der Abstand ca. 50 x 40 cm. Feuchte noch alles mit weicher Brause mehrfach gründlich an. So erhalten die Wurzeln den nötigen Bodenschluss und wachsen schnell an.

Frucht-Gemüse

Diese Südländer lieben es warm
Jungpflanzen auf der Fensterbank selbst anziehen
Vielfalt von süß bis aromatisch

Was alles?
Stabtomaten, Buschtomaten, Gemüse-Paprika, Chili-Paprika, Auberginen, Birnenmelonen, Melothria-Gurken.

Aussaatzeit:
Ende Februar bis Anfang April

Selber aussäen und junge Pflanzen heranziehen ist nicht schwer und macht großen Spaß. Besitzt du kein geheiztes Gewächshaus, dann starte die Anzucht auf einer hellen Fensterbank im warmen Zimmer. Neben meiner riesigen Auswahl an Saatgut findest du bei mir auch praktische Helfer für die Anzucht, wie z.B. Mini-Gewächshäuser oder Aussaat- und Pikiererde.
Fruchtgemüse wie Tomaten, Paprika oder Auberginen brauchen zum Keimen hohe Temperaturen. Lege eine isolierende Matte zwischen Fensterbank und Saatschale, damit der Aufgang nicht durch Kältebrücken von draußen gefährdet wird.

Der grüne Tipp®

Vor allem die süßen Früchte der Kirschtomaten sind sehr beliebt. An sonniger Stelle in größeren Gefäßen gedeihen sie gut. Optimal ist ein Platz an der Hauswand, gerade wenn ein überhängendes Dach vor Nässe schützt. Gib den Pflanzen bald eine Stütze, dazu immer reichlich Wasser und dünge sie 1x pro Woche mit dem Pflanzenfutter für Tomaten.

Tomaten-Vielfalt

1. So ein Mini-Gewächshaus ist zur Jungpflanzen-Anzucht bestens geeignet. Der Untersetzer fängt Feuchte auf, in der Schale gedeihen die Pflanzen und die transparente Abdeckhaube sorgt für ein günstiges Kleinklima.

2. Fülle die Schale bis zum Rand mit Gärtner Pötschke Aussaat- und Pikiererde und verdichte diese leicht mit der Hand. Verteile den Samen gleichmäßig mit möglichst großem Abstand.

3. Decke die Saatfläche ca. 3 mm hoch mit etwas krümeliger Erde ab. Feuchte anschließend mit feiner Brause oder einem Sprüher durchdringend an. Damit beginnt der Keimvorgang.

4. Setze die Aussaatschale auf den Untersetzer, füge das Sortenetikett hinzu und decke alles mit der durchsichtigen Haube ab. Halte auch in den folgenden Wochen deine Aussaat gleichmäßig feucht.

5. An einem hellen, aber nicht prallsonnigen Platz auf der Fensterbank oder im Gewächshaus wachsen die Pflänzchen gut heran. Entferne die Haube, sobald sie 8–10 cm Höhe erreicht haben.

6. Sobald sich die Pflanzen bedrängen, solltest du in Töpfe pikieren, was ihnen nun bessere Bedingungen verschafft. Löse mit einem Pikierstift vorsichtig ein Büschel von Pflänzchen heraus.

7. Für jeden Topf wählst du eine kräftige Pflanze aus. Kürze zu lange Wurzeln mit dem Fingernagel. Das regt sie zur Bildung von neuen Seitenwurzeln und einem Ballen an.

8. Halte die Pflanze tief bis zu den untersten Blättern in den Topf und fülle ringsum mit einer guten Blumenerde auf. Durch leichtes Andrücken entsteht der nötige Kontakt.

9. Gieße abschließend mit weichem Strahl gründlich an und bringe die Pflanzen an eine helle, aber nicht prallsonnige Stelle. Bei Temperaturen von ca. 18–22 °C wachsen sie dort zügig bis zum Auspflanzen heran.

Kürbis und Co.

Auf der **Fensterbank** vorziehen

Auf die **Jungpflanze** kommt es an

Quelltöpfe für **sichere Anzucht**

Was alles?
Kürbisse, Gurken, Zucchini, Melonen.

Günstige Anzuchtzeit:
Ende März bis Ende April

Weil die feinen, zerbrechlichen Wurzeln aller Gurken-, Kürbis- und Zucchini-Gewächse gegen Verletzungen empfindlich sind, kann man sie nicht wie bei anderen Arten einfach verpflanzen.

Säst du die Samen jedoch gleich einzeln in Töpfe, werden sie sich darin ungestört entwickeln und einen gut durchwurzelten Ballen bilden.

Platz sparend und einfach gelingt die Anzucht z.B. in meinem Zimmergewächshaus mit Abdeckhaube und mit Quelltöpfen.

Gurken und Kürbisse brauchen zum Keimen und Wachsen mollige Temperaturen um 18–22 Grad. Allzu frühe Aussaat führt zu schwachen, vergeilten Pflanzen, von Ende März bis Ende April ist optimal.

Kürbisse

1 Besonders bequem, einfach und ohne Abfall gelingt die Anzucht mit den pfiffigen Quelltöpfen im dazugehörigen Zimmergewächshaus mit durchsichtiger Haube.

2 Bei Zugabe von lauwarmem Wasser quellen die Substrat-Tabletten innerhalb weniger Minuten zu kompakten Ballen auf, in die man direkt säen kann.

3 Jeder Ballen erhält einen Samen. Stecke den Samen in die kleine Kuhle in der Mitte des Ballens. Für jeden gibt es im Zimmergewächshaus einen vorgeprägten Platz. Gieße nochmals, bis kein Wasser mehr aufgesaugt wird.

4 Decke die Aussaaten mit der transparenten Haube ab und bringe dann das Zimmergewächshaus an einen hellen, aber nicht prallsonnigen Platz. Die Temperatur sollte dort ca. bei 20–24 °C liegen. Täglich schaust du nach, ob Wasser benötigt wird.

5 Schon bald, meist nach 4 Wochen, durchdringen die Pflanzen mit ihren Wurzeln den Ballen. Nimm nun den Boden des Zimmergewächshauses mit zum Auspflanzen, damit die zarten Wurzeln weder austrocknen noch beschädigt werden.

6 Im Beet lockerst du im Abstand von 100x40 cm mit der Pflanzkelle die Erde und setzt den Quelltopf vorsichtig in das Pflanzloch ein. Dabei sollte der Quelltopf ganz leicht mit Erde bedeckt sein.

Wasserdurchlässige Mulchfolie erwärmt den Boden, verfrüht die Ernte und steigert den Ertrag. Bringe mit einem Messer kreuzförmige Einschnitte an und setze die Pflanze vorsichtig hinein. Dann andrücken und mit einem schwachen Strahl gründlich angießen.

Porree und Zwiebeln

Von herzhaft bis mild

Gesundes Fitnessgemüse
Frisch ernten bis zum Winter

Was alles?
Porree, Küchenzwiebeln, Gemüse-, Lauch- und Frühlingszwiebeln.

Günstige Aussaatzeit:
Ende Februar bis Mai

Porree ist ein uraltes Gemüse, das schon Ägypter und Römer begeistert hat. Seitdem bereichern seine langen Stangen die Speisekarten. Mit seinem köstlichen Aroma weit milder als Zwiebeln, aber ausgestattet mit ähnlich gesunden Inhaltsstoffen, ist er heute als modernes Fitnessgemüse sehr beliebt. Lauchzwiebeln, fein geschnitten als Bestandteil von gesunden Salaten, sind mittlerweile genauso beliebt wie die würzigen Küchenzwiebeln. Ziehe die Jungpflanzen möglichst früh an, dazu brauchst du kein Gewächshaus. Sie gelingt am besten in einem Frühbeet mit Glas- oder lichtdurchlässiger Kunststoff-Abdeckung, einem Hochbeet oder in einem Saatbeet.

Der grüne Tipp®

Im Hochbeet kannst du prima viele Gemüsearten gleichzeitig anziehen. Ein Vlies schützt die empfindlicheren Arten ohne Nachteile für die robusten Gemüse. Das Beet trocknet weniger leicht aus und ist zudem vor Schädlingen geschützt. Durch das Vlies kannst du problemlos gießen, auch Regen dringt leicht durch.

Porree

Fülle eine 10–15 cm hohe Schicht Gartenerde und anschließend noch 5–10 cm z.B. Gärtner Pötschkes Aussaat- und Pikiererde ins Hochbeet. Ziehe mit der Handkante oder mit Hilfe einer Pflanzkelle ca. 1 cm tiefe Saatrillen im Abstand von 10 cm.

Bringe den Samen dünn und gleichmäßig verteilt aus. Mit etwas Übung kannst du den Samen vorsichtig aus der Tüte schütteln.

Ziehe mit den Fingern etwas Erde über die Rillen, drücke mit dem Handrücken gut an und befeuchte das Saatbeet gründlich mit feinem Strahl. Beschrifte Stecketiketten, damit du weißt, was du ausgesät hast.

Bereite das Pflanzbeet tiefgründig gegraben und anschließend versehen mit z.B. 40 g pro m² Gärtner Pötschkes Pflanzenfutter komplett vor. Ziehe mit der Kelle oder Hacke Rillen im Abstand von 40 cm.

Lockere mit der Pflanzkelle die im Hochbeet herangewachsenen Porree-Jungpflanzen und löse sie vorsichtig aus der Erde.

Damit die Porreestangen zur Ernte möglichst lang geraten, werden sie jetzt in circa 10 cm tiefe Löcher gesetzt und später angehäufelt. Die Markierung auf der speziellen Pflanzkelle zeigt die Pflanztiefe.

Steche mit der Pflanzkelle ein ca. 10 cm tiefes Loch in die lockere Erde der Rille und senke die Jungpflanze bis zum Grund hinein. Zu lange Wurzeln kannst du problemlos einkürzen.

Ein guter Pflanzenabstand sind 10–15 cm. Ziehe mit der Pflanzkelle Erde heran, fülle das Loch und drücke alles mit der Kelle fest an. So erhält die Pflanze den wichtigen Bodenschluss.

Gieße die Pflanzen abschließend mit schwachem Strahl gründlich an und lasse sie künftig nicht austrocknen. Häufle die Reihen nach 8 Wochen und später nochmals ca. 15 cm hoch mit Erde an.

Gurken

Einlege- und Salatgurken für den Garten

Einfach direkt im Freien aussäen

Knackig-frische Gurken ernten

Was alles?
Einlegegurken, Freiland-Salatgurken, Zucchini, Kürbisse.

Günstige Aussaatzeit:
Ende Mai bis Anfang Juni

Liegt dein Gemüsebeet sonnig und geschützt, kannst du dir mit der so genannten Tuff-Saat die Vorkultur von Jungpflanzen von Gurken, Kürbissen oder Zucchini sparen.

Damit der Aufgang gelingt, brauchst du dafür allerdings etwas mehr Saatgut, warmes Wetter und schon angewärmten Boden mit Temperaturen über 16 Grad. Säe deshalb nicht bei nasskaltem Wetter, warte lieber noch einige Tage auf günstige Bedingungen mit Sonnenschein und abgetrocknetem Boden. Günstig zur Aussaat im Freien sind die letzten Tage im Mai oder Anfang Juni.

1 Bereite das Saatbeet gut gelockert und feinkrümelig her. Für einen nährstoffreichen Boden arbeite z.B. 40-60 g/m² Gärtner Pötschkes Naturdünger und, falls vorhanden, 2 l Kompost pro m² in den Boden ein.

2 Bereite mithilfe der Pflanzkelle oder mit den Händen entlang einer Schnur im Abstand von 40 cm ca. 2–3 cm tiefe Saatmulden. Zwischen diesen Reihen solltest du einen Abstand von 1 m einplanen.

3 Wähle zum Säen einen schönen warmen Tag mit Temperaturen über 15 °C. Um den Aufgang der wärmebedürftigen Gurken sicherzustellen, steckst du in jede Kuhle nun etwa 3–4 Samen.

4 Decke die Samen mit Erde zu und drücke alles mit der Hand leicht an. Damit erhält die Saat den wichtigen Anschluss an die Bodenfeuchtigkeit und trocknet weniger leicht aus.

5 Mit dem gründlichen Angießen beginnt der Keimvorgang. Damit der Boden nicht verschlämmt, gießt du mehrmals mit einer feinen Brause und sanftem Strahl.

6 Damit die Gurkenranken nicht miteinander konkurrieren, dürfen pro Stelle nur 1–2 Pflanzen weiter wachsen. Die übrigen Pflänzchen ziehst du schon bald nach dem Erscheinen der Keimblätter heraus.

Der grüne Tipp®

Das Abdecken der Beete mit dunkler, wasserdurchlässiger Mulchfolie kann ich dir sehr empfehlen. Den Wurzeln von Gurken und Kürbisgewächsen bekommt nämlich Bodenwärme gut, die Pflanzen gedeihen darunter viel besser, trocknen weniger aus und sind vor Unkrautwuchs geschützt.

So wird's gemacht: Decke das Beet nach dem Düngen mit der Mulchfolie ab. Befestige sie mit Steckern, das schützt vor dem Wegfliegen. Bringe im Saatabstand mit Messer oder Schere kreuzförmige Schnitte an. Lege dort die Samen in eine flache Kuhle, bedecke sie mit Erde und gieße alles an.

Sellerie

Mit vollem Aroma
Gesund und kalorienarm
Als Gemüse und Rohkost

Was alles?
Knollensellerie, Stangensellerie.

Günstige Aussaatzeit:
Ende Februar bis Mitte April

Durch sein volles Aroma war Sellerie schon zu Zeiten der Römer beliebt – ein heilkräftiges Gemüse, das aus den salzhaltigen Sümpfen Siziliens stammt.

Sellerie enthält viele Aromastoffe, Ballaststoffe, Spurenelemente und ätherische Öle. Knollensellerie würzt als typischer Bestandteil des Suppengrüns Eintöpfe und Muschelgerichte. In Scheiben geschnitten, gedünstet oder überbacken ist er ein beliebtes Herbst- und Wintergemüse.

Dagegen kannst du mit dem fein-würzigen Stangensellerie in der modernen Fitness-Küche viel Ehre einlegen. Er ist als Bestandteil von Rohkostsalaten und als Stangen zum Dippen beliebt.

Gib den stark zehrenden Pflanzen viel Sonne, feuchten humosen Boden und reichlich Nährstoffe.

Der grüne Tipp®

Damit der Sellerie später nicht schießt, braucht er während der Anzucht ständig hohe Temperaturen von 18-20 Grad. Gewöhne zudem die jungen Setzlinge vor dem Auspflanzen Ende Mai bis Anfang Juni durch reichliches Lüften an die Außentemperaturen und härte sie damit ab. Eine Startdüngung mit einem im Gießwasser beigemischtem Flüssigdünger nach dem Umpflanzen fördert das Anwachsen.

1 Zur Aussaat von wärmebedürftigen und feinen Samen wie Knollensellerie wählst du eine nicht zu große Saatschale oder Saatbox. Fülle sie z.B. mit Gärtner Pötschkes Aussaat- und Pikiererde.

2 Streiche nun die Oberfläche glatt, drücke die Erde mit der Hand leicht an und verteile dann den Samen dünn und gleichmäßig auf der Oberfläche. Die Saat nicht abdecken, denn Sellerie ist ein Lichtkeimer.

3 Befeuchte die Aussaat gründlich mit feiner Brause oder Sprayer. Bringe dann die Saatschale an eine helle, aber nicht sonnige Stelle auf der Fensterbank oder im Gewächshaus.

4 Bei 18–22°C keimen die Samen innerhalb von ca. 14 Tagen. Nach 3–4 Wochen drängen sich die Sämlinge bereits in der Schale und brauchen zum weiteren Gedeihen mehr Platz.

5 Bei der weiteren Kultur sollen die Wurzeln einen pflanzfertigen Ballen entwickeln. Hierfür eignen sich die praktischen Topfplatten besonders gut. Fülle sie z.B. mit Gärtner Pötschkes Aussaat- und Pikiererde.

6 Fasse nun die zarten Sämlinge büschelweise an den Blättern und hebe sie mit einem Pikierstab vorsichtig aus der Saatschale. Achte darauf, dass ihre feinen Wurzeln nicht beschädigt werden.

7 Durch vorsichtiges Auseinanderziehen bekommst du die einzelnen Pflänzchen. Dabei lohnen sich aber nur die kräftigsten Sämlinge für die Weiterkultur. Zu lange Wurzeln kannst du mit den Fingern abknipsen.

8 Bereite mit dem Pikierstab ein Loch, das genügend groß und so tief ist, dass die Wurzeln bis zu den untersten Blättern hinein passen. Ziehe mit dem Stab Erde heran und drücke alles leicht an.

9 In den Topfplatten entwickeln die Pflanzen innerhalb von 3–4 Wochen kleine, jedoch stabile Ballen. Diese kannst du vorsichtig entnehmen und im Abstand von 40 x 30 cm in das gut vorbereitete Beet verpflanzen.

Kohl-Spezialitäten

Herbst und Winter ist Erntezeit

Frisch vom Beet genießen

Kohl als Feingemüse

Was alles?
Grünkohl, Spitzkohl, Chinakohl, Rosenkohl, Kohlrabi, Palmkohl, Kohlrüben, Weiß- und Rotkohl, Blumenkohl, Wirsing.

Günstige Aussaatzeit:
Anfang Mai bis Anfang Juli

Ist die Gefahr von Nachtfrösten vorbei, wird das Aussäen im Freien sehr einfach. Du kannst dann alle Kohlgemüse im Freiland-Saatbeet in Reihen aussäen und sobald die Jungpflanzen groß genug zum Auspflanzen an den endgültigen Standort sind, die kräftigsten auswählen.

Ernte Grünkohl nicht zu früh, denn das zünftige Wintergemüse schmeckt erst dann angenehm kernig-süß, wenn kühle Temperaturen die in den krausen Blättern enthaltene Stärke in süßen Traubenzucker verwandelt haben.
Für die Ernte hast du dann bis Mitte Januar Zeit.

Das Abdecken des Saatbeets mit einem Insektennetz fördert nicht nur den Keimvorgang durch ein besseres Kleinklima, es schützt auch vor hungrigen Vögeln, Kohlfliegen, Raupen, Läusen oder vor Schnecken und verzögert zudem das Austrocknen.

Grünkohl und Wirsing

1 Ziehe im krümelig vorbereiteten Freiland-Saatbeet eine ca. 1 cm tiefe Rille. Spanne dazu eine Schnur, halte sie mit dem Schuh fest und ziehe daran entlang mit der Hacke die Rille.

2 Verteile den feinen Samen möglichst dünn und gleichmäßig in der Saatrille. Ziehe mit der Harke Erde darüber und schließe so die Rille. Dann drücke die Erde mit dem Harkenrücken an.

3 Durch das gründliche Befeuchten mit feiner Brause kommt der Samen in Kontakt mit der feuchten Erde und beginnt zu keimen. Damit die Aussaat gelingt, darf das Saatbeet nicht austrocknen.

4 Die Grünkohl-Jungpflanzen haben 15–20 cm Höhe erreicht. Zeit zum Umpflanzen ins Beet an möglichst sonniger Stelle. Arbeite dort z.B. 50g/m² von Gärtner Pötschke Pflanzenfutter komplett in den Boden ein.

5 Packe die Pflanzen am Schopf, fasse mit der Pflanzkelle unter die Wurzeln. Dann lockere die Erde und löse alles vorsichtig und ohne die Wurzeln zu beschädigen wieder aus dem Saatbeet heraus.

6 Anfangs sind die Jungpflanzen zu mehreren dicht beieinander. Löse sie vorsichtig einzeln heraus. Zu lange Wurzeln kann man jetzt noch einkürzen.

7 Bereite mit der Pflanzkelle ein Loch, das mindestens 1 ½ mal so tief und breit ist wie die Wurzeln. Setze die Pflanze bodeneben, d.h. bis zu den untersten Blättern ein, ziehe Erde heran und drücke mit den Fingern leicht an.

8 Ein günstiger Pflanzabstand sind 40 cm in der Reihe und 40–50 cm von Reihe zu Reihe. Pflanze wie im Bild „auf Lücke", damit alle genug Platz zum Wachsen haben.

9 Gieße die Pflanzen mit schwachem Strahl gründlich an. Damit erhalten ihre Wurzeln den nötigen Bodenschluss und wachsen – umgeben von feuchter Erde – zügig an.

Wurzelgemüse
Frisch, knackig und gesund
Möhren & Co. als Vitaminspender
Einfach und schnell

Was alles?
Möhren, Radieschen, Rettich, Rote Bete, Wurzelpetersilie und auch Pastinaken, Schwarzwurzeln und Kerbelrüben.

Günstige Aussaatzeit:
März bis Anfang Juli

Nicht nur die knackigen Möhren, sondern auch die meisten anderen Wurzelgemüse kannst du einfach direkt ins Beet säen.

Bringe das Saatgut so dünn wie möglich aus, damit jedes Pflänzchen von Anfang an genügend Platz zum Entwickeln vorfindet. Besonders leicht wird dir das bei grobkörnigen und größeren Samen wie Radieschen oder mit pilliertem Saatgut gelingen.

In der Regel jedoch geht die Saat viel zu dicht auf und die jungen Pflänzchen verkümmern dann in der drangvollen Enge. Deshalb musst du rechtzeitig Verziehen. Dabei vereinzelt man in der Reihe auf den jeweils optimalen Pflanzabstand.

Bei Möhren sind das je nach Sorte 3–5 cm. Sobald die Sämlinge gut fassbar sind, jätest du vorsichtig die überzähligen Pflanzen aus. Belasse dabei möglichst nur kräftige Pflänzchen.

Möhren

Richte das Saatbeet zunächst an einem sonnigem Standort tief aufgelockert und krümelig her. Arbeite dabei z.B. 50 g pro m² Gärtner Pötschkes Pflanzenfutter komplett ein. Ziehe entlang einer gespannten Schnur ca. 2 cm tiefe Rillen.

Verteile den feinen Samen sehr dünn in der Rille. Das gelingt mit ein wenig Übung durch vorsichtiges Herausschütteln oder durch Betupfen der Tüte. Ein günstiger Reihenabstand ist 30 cm.

Mit der Harke ziehst du nun Erde in die Rille und bedeckst damit den Samen. Durch Andrücken mit dem Harkenrücken und durch gründliches Angießen mit weicher Brause erhält der Samen schlüssigen Kontakt zum feuchten Boden.

Die jungen Pflänzchen sind jetzt hervorragend aufgegangen, doch sie stehen viel zu dicht. Für ihre Entwicklung brauchen sie nun ausreichend Platz, ansonsten bedrängen sie sich und verkrüppeln.

Sobald die Pflänzchen gut fassbar sind, kannst du sie vereinzeln. Ideal ist ein Abstand von ca. 2–4 cm von Pflanze zu Pflanze. Alle anderen werden vorsichtig herausgezogen und kompostiert.

Die Reihe im Vordergrund wartet noch aufs Ausdünnen, bei der im Hintergrund wurde der Bestand schon gelichtet. Schön geformte und lange Möhren werden die Folge sein.

So sieht das Ergebnis aus, wenn das Vereinzeln unterbleibt. Die Möhren bleiben aus Licht- und Nahrungsmangel viel zu kurz, sie verkrüppeln und bilden außerdem unerwünschte Seitenwurzeln.

Balkonkräuter
Gärtnern auch ohne Garten
Ernten in Kästen, Kisten, Kübeln
auf kleinstem Raum

Was alles?
Brunnenkresse, Babyleaf-Blattsalate, Basilikum, Dill, Gartenkresse, Blatt-Koriander, Petersilie, Rucola.

Günstige Aussaatzeit:
April bis Juni

Frische Kräuter und Blattgemüse selber gärtnern, das gelingt leicht, sogar in Kästen auf Balkon und Terrasse.

Eine echte Rarität ist die Brunnenkresse, die als in Europa heimischer und winterharter Bewohner von Bächen und Feuchtgebieten schattige Plätze liebt. Ihre vielen zarten Blätter sind reich an Vitamin C und schmecken pikant. Du kannst sie immer wieder taufrisch mit Schere oder Messer abschneiden und als schmackhaften Salat nach italienischer Art mit Balsamico, Salz, Pfeffer und Öl zubereiten oder damit andere Salate würzen.

Ähnlich leicht kannst du die oben genannten Blattsalate oder Kräuter kultivieren. Halte sie immer feucht und lasse nichts austrocknen.

Brunnenkresse

Die Brunnenkresse ist eine Wasserpflanze. Deshalb brauchst du für die Anstau-Kultur einen neuen Balkonkasten, bei dem die Abflusslöcher noch geschlossen sind (bei den anderen genannten Kräutern öffnest du sie).

Fülle das Gefäß mit Balkon- oder Pflanzerde und drücke den Inhalt mit den Händen zusammen, bis zum Anstauen ein Niveau von 3–5 cm unter dem Kastenrand erreicht ist.

Verteile nun den feinen Samen dünn und gleichmäßig auf der Oberfläche. Weil Brunnenkresse zu den Lichtkeimern gehört, entfällt ein Abdecken mit Erde.

Durch ein gründliches Anfeuchten mit feiner Brause oder einem Sprühapparat setzt du den Keimvorgang in Gang. Schon nach wenigen Tagen zeigt sich durch zartes Grün der erste Erfolg.

Die Pflanzen dürfen während der gesamten Kultur niemals austrocknen. Fülle deshalb nach ca. 3 Wochen den Balkonkasten mit Wasser auf bis zum Rand und ergänze erneut wenn nötig.

Wähle einen hellen, aber nicht sonnigen Platz auf Balkon, Terrasse oder im Garten. Hier gedeihen die zarten Pflänzchen optimal und können bis zum Herbst gleich mehrfach beerntet werden.

Mit einem Messer oder einer Schere kannst du die würzig schmeckenden Blattspitzen der Brunnenkresse leicht und sauber ernten. Steckst du solche Stängel in den Uferschlamm deines Gartenteichs, wachsen sie auch dort weiter.

Küchen-Kräuter

Vielfalt zum Würzen und Genießen

Duft & Aroma frisch geerntet

Genuss aus dem Garten

Was alles?
Basilikum, Oregano, Rosmarin, Thymian, Salbei, Zitronengras, Würz-Tagetes, Stevia.

Günstige Aussaatzeit:
März bis Mai

Ob in Töpfen auf der Fensterbank, auf dem Balkon, auf der Terrasse, im Beet, in Ampeln oder in der Kräuterspirale – für frische Kräutern können sich alle begeistern.
Schon lange sehr beliebt sind südeuropäische Kräuter, neuerdings aber auch Exoten aus asiatischen Ländern.
Sie bringen Abwechslung in die Küche und neue Ideen in Haus und Garten.
Alle brauchen bei Aussaat und Anzucht auf der Fensterbank oder im Gewächshaus immer genügend Wärme. Erst nach den letzten Frösten Mitte Mai vertragen die Südländer einen Umzug ins Freie. Basilikum ist als Kind der Tropen besonders anspruchsvoll. Warte mit dem Auspflanzen bis Ende Mai. Oder verpflanze in Töpfe, für die du dann sonnige und geschützte Plätze aussuchst.

Der grüne Tipp®

Zur idealen Weiterkultur nach der Keimung brauchen diese Pflanzen aus dem Süden ein feuchtwarmes Kleinklima bei ca. 18–25 Grad. In meinem Zimmergewächshaus z.B. mit einer transparenten Haube finden sie optimale Bedingungen.

Basilikum-Varianten

Befülle die Saatschale eines Mini-Gewächshaus z.B. mit Gärtner Pötschkes Aussaat- und Pikiererde. Streiche die Oberfläche glatt und verdichte die Erde leicht durch Andrücken mit den Händen.

Verteile die Samenkörner möglichst gleichmäßig und mit ca. 3–5 mm Abstand auf der Oberfläche der Aussaaterde.

Decke die Samen nur leicht mit etwas fein gekrümelter Erde oder darüber gesiebtem Sand ab. Damit liegen sie umgeben von Erde und genießen zum Keimen günstige Bedingungen.

Feuchte die Aussaat mit einer feinen Brause oder einem Sprüher gründlich und durchdringend an. Die Samen können nun Feuchtigkeit aufnehmen, schwellen an und die Keimung beginnt.

Auf einem beigefügten Etikett kannst du Art, Sorte und das Aussaatdatum notieren. Stelle die Saatschale auf den Untersatz und decke sie mit der transparenten Haube ab.

An einer hellen aber nicht zu sonnigen Stelle (günstig ist hierfür die Fensterbank) keimen die Samen bei 18–22°C in ca. 2 Wochen. Sobald die Pflanzen eine Höhe von 6–8 cm erreicht haben, kannst du die Haube abnehmen.

Jetzt brauchen die Pflänzchen mehr Platz, sie werden vereinzelt und in Töpfe umgesetzt („pikiert", wie der Gärtner sagt). Löse zunächst mit einem Pikierstift mehrere Pflanzen aus der Schale.

Fülle einen Topf mit Gärtner Pötschke Aussaat- und Pikiererde und bereite mit dem Stift ein genügend großes Loch. Senke eine Pflanze hinein, hole Erde heran und drücke leicht an.

Statt einer Pflanze kannst du auch ein Büschel von 3 bis 7 Pflanzen zusammen einsetzen. Das ergibt dann schneller erntefähige Pflanzen. Gieße abschließend mit weichem Strahl gründlich an.

Blatt-Petersilie

Kräuter-Vielfalt im Garten

Zum **Würzen** und Verfeinern

Immer frisch zur Hand

Was alles?
Petersilie, Bohnenkraut, Dill, Majoran, Thymian, Rucola, Salatkresse, Kerbel, Koriander.

Günstige Aussaatzeit:
April bis Mai und August

Frische Kräuter machen den Genuss vollkommen. Sie regen den Appetit an, geben allen Speisen erst den richtigen Pfiff und sind fast alle auch Heilpflanzen, die sich günstig auf die Gesundheit auswirken. Zudem sind viele Kräuter mit ihren bunten Blüten und dekorativen Blättern attraktiv anzuschauen.
Alle genannten Kräuter sind robust und einfach in der Kultur.

Bringe die Samen in flachen Rillen aus, lasse die Pflanzen nicht austrocknen und ernte die würzigen Blätter oder Blüten frisch, wenn du sie brauchst. Je magerer der Boden ist und je mehr Sonne sie nutzen können, desto mehr Aroma bilden die meist anspruchslosen Kräuter aus.

Ernte möglichst an einem sonnigen Tag kurz vor Mittag, dann ist der Aromagehalt am höchsten. Frierst du die Blättchen klein geschnitten in Beuteln oder in Eiswürfel gelegt ein, kannst du nach dem Auftauen den vollen Geschmack zu jeder Jahreszeit genießen.

1. Bereite den Boden mit dem Grubber tief gelockert und mit einer Harke feinkrümelig hergerichtet zum Aussäen vor. Vermeide stauende Nässe, Petersilie verträgt diese nicht.

2. Ziehe im Beet entlang einer straff gespannten Schnur entweder mit der Handkante, einer Pflanzkelle oder dem Reihenzieher ca. 2 cm tiefe Rillen im Abstand von ca. 25 cm.

3. Schüttle vorsichtig und möglichst gleichmäßig dünn verteilt den feinen Samen aus der Tüte. Dabei hilft ein leichtes Betupfen der Samentüte.

4. Ziehe mit der Hand oder einer Harke etwas Erde über die Rille und schließe sie damit. Drücke die Erde leicht an. So erhalten die Samen den notwendigen Anschluss an die Bodenfeuchte.

5. Gieße die Reihen mit feiner Brause mehrmals gründlich und durchdringend an. Vermeide dabei, dass die Erde verschlämmt und verkrustet, denn dies kann den Aufgang der Saat verhindern.

6. Petersilie braucht bei niedrigen Frühlingstemperaturen mindestens 3 Wochen zum Keimen. Lasse das Saatbeet in dieser Zeit nicht austrocknen und lockere den Boden zwischen den Reihen bei Bedarf.

Säst du Petersilie erst im August, kannst du dank der günstigeren Sommertemperaturen mit einem besseren Aufgang rechnen. Außerdem schossen die zweijährigen Pflanzen erst im übernächsten Frühling. Du kannst also fast 2 Jahre lang von einer einzigen Aussaat ernten: ab Herbst über zwei Winter, Sommer, Herbst und dann nochmals bis zum Frühsommer.

Schnittblumen

Traumhaft schöne Sommerblumen

Für Beete und Vase

Aussäen – blühen - freuen

Was alles?
Sommerastern, Ringelblumen, Bechermalven, Cosmeen, Strohblumen, Rudbeckien, Kornblumen, niedrige und hohe Sonnenblumen, Zinnien.

Günstige Aussaatzeit:
Mitte April bis Juni

Ein Farbenrausch für wenig Geld und noch dazu sehr einfach anzuziehen – mit vielen Sommerblumen kannst du dir diese Freude gönnen.

Alle genannten Sommerblumen öffnen schon nach wenigen Wochen die ersten Knospen und bescheren dir ein lange anhaltendes Blütenfestival vom Frühjahr bis zum Herbst.

Sie machen sowohl auf Beeten viel her sowie auch als Lückenfüller für sonnige Gartenplätze oder entlang von Zäunen. Besonders gut eignen sich die prächtigen Blumen zum Schnitt – pflücke den Sommer über viele bunte Bauernsträuße und hole dir damit deinen Garten ins Haus.

Säst du dünn verteilt in Reihen, brauchst du nicht zu vereinzeln und auch nichts zu verpflanzen. Üppig verzweigt mit vielen Knospen, die sich täglich neu öffnen, präsentieren sich die meist leicht duftenden Farbenbringer als buntes Blütenband.

Sommerastern

1 Lockere den Boden für das Saatbeet gründlich. Arbeite dabei z.B. 20 g pro m² Gärtner Pötschkes Pflanzenfutter für den Ziergarten mit ein. Harke dann alles feinkrümelig und eben ab.

2 Ziehe mithilfe einer straff gespannten Schnur oder auch dem Harkenstiel eine ca. 1–2 cm tiefe Rille. Ein günstiger Abstand zwischen den Reihen ist ca. 20 cm.

3 Bringe darin möglichst dünn verteilt den Samen aus. Ein idealer Abstand zwischen den Samen ist 2–5 cm. So wachsen die Pflanzen dicht, aber mit genügend Abstand auf.

4 Ziehe mit der Harke so viel lockere Erde darüber bis die Saatrille gefüllt ist. Arbeite dabei vorsichtig, damit die Samen nicht aus der Rille gezogen werden.

5 Das Andrücken mit dem Rücken der Harke ist wichtig. Damit verdichtest du die Erde, Lücken füllen sich und der Samen erhält den nötigen Anschluss an die Bodenfeuchtigkeit.

6 Gieße die Saatreihen abschließend durchdringend an, dies auf jeden Fall mit weicher Brause und so gut dosiert, dass der Boden dabei nicht verschlämmt. Falls nötig, wiederholst du das Gießen.

So halten die Blüten lange in der Vase: Schneide die Stängel taufrisch am Morgen, am besten sobald sich die ersten Blütenblätter öffnen. Entferne die unteren Blätter, schneide die Stiele mit einem scharfen Messer schräg an und lasse sie sich sofort danach für einige Stunden bis zu den Blütenköpfen eingetaucht in einem Gefäß mit zimmerwarmem Wasser vollsaugen. Anschließend kannst du die straffen Stängel und Blüten nach Lust und Laune arrangieren. Ein Frischhaltemittel oder eine Prise Zucker im Wasser verlängern die Haltbarkeit.

Blumenmischungen
Ein herrliches Blumenmeer
Wachsen und blühen überall
Buntes für Bienen, Hummeln und Schmetterlinge

Was alles?
Sommerblumen von niedrig bis hoch.

Günstige Aussaatzeit:
April bis Juni

Genieße sommerlich bunte Farbenpracht und tue Gutes für die bedrohte Natur – mit meinen artenreichen Blumenmischungen z.B. wird dein Traum von Bienengesumm, Duft und üppiger Blütenpracht auf schnelle und einfache Weise wahr.

Alles was du dazu brauchst, ist ein sonniges Plätzchen im Garten, ansonsten sind die robusten Blumen mit jedem Boden zufrieden.

Streue einfach den Samen dünn verteilt auf den vom Unkraut befreiten Boden aus. Schon nach 7–8 Wochen öffnen sich die ersten Knospen und ein traumhaft schönes Blütenmeer entfaltet sich, das bis zum Frost andauert.

Mit den artenreichen Mischungen hilfst du zugleich den vielfach bedrohten Wild- und Honigbienen, zahlreichen Hummeln und den liebenswerten Schmetterlingen, die sich gern zum Sammeln auf den zahlreichen nektar- und pollenreichen bunten Blüten einfinden.

Mit der Blütezeit im Sommer und Herbst bietest du ihnen reichlich Nahrung, wenn in der freien Natur nicht mehr viel zu holen ist.

Bunte Blumenmischung

Bereite den Boden an einer sonnigen Stelle gelockert und mit der Harke krümelig hergerichtet vor. Düngung ist nicht erforderlich, aber der Boden sollte frei von Unkräutern sein.

Öffne die Samentüte mit der Wild- und Sommerblumen-Mischung. Der Samen ist mitunter sehr fein, deshalb kannst du ihn zum leichteren Ausbringen mit trockenem Sand oder Sägespänen mischen.

Streue den Inhalt nach den Angaben auf der Tüte sehr dünn verteilt und nicht zu dicht auf der Fläche aus. Die Pflanzen brauchen später genügend Platz für ihre Entwicklung.

Durch leichtes Überharken vermengst du den Samen mit den Erdkrümeln und stellst so den wichtigen Kontakt mit dem Boden her. Nicht mit Erde abdecken, denn die Samen brauchen Licht zum Keimen.

Gieße alles mehrfach mit weichem, fein verteiltem Strahl an, ohne die Erde zu verschlämmen. Die Samen erhalten so den wichtigen Bodenschluss zum Keimen. Ab jetzt nie austrocknen lassen!

Die jungen Pflanzen wachsen nun zügig heran. Jetzt kannst du noch allzu dichte Bestände auslichten und Unkräuter entfernen. Immer wieder ausreichendes Gießen ist weiterhin wichtig.

Der grüne Tipp®

Auch nützliche Schädlingsvertilger wie z.B. Florfliegen (Blattlauslöwen), Marienkäfer und Schwebfliegen lockst du mit den pollenreichen Blüten in den Garten. Besonders ihre überaus gefräßigen Larven sind immer auf Blattlausjagd und helfen so mit, um die Plagegeister unter Kontrolle zu halten. Es schadet nichts, sich regelmäßig ein buntes Sträußchen zu schneiden. Rasch schließen neue Blüten die dadurch entstandenen Lücken.

Bunte Sommerblüher

Fröhliche Farbkleckse

Buntes für jede Gartenecke

Blüten in allen Farben

Was alles?
Bechermalven, Ringelblumen, Zinnien, Zwerg-Sonnenblumen, Tagetes, Cosmeen, Lupinen.

Aussaatzeit:
Ende März bis Mai

Lücken zwischen Stauden, Gehölzen oder Zwiebelblumen kannst du ganz einfach und für wenig Geld mit rasch wachsenden Sommerblumen füllen.

Oben genannte Sommerblumen verwandeln die wenig ansehlichen Lücken, die nach dem Entfernen von Pflanzen oder durch das Einziehen von Zwiebelblumen entstehen, rasch in ein prächtiges Blütenmeer.

Besonders schön wird die bunte Pracht, wenn du beim Aussäen in den Lücken Sommerblumen in unterschiedlichen Farben, Formen oder Höhen miteinander kombinierst.

Der Phantasie sind dank meiner großen, bunten Auswahl keine Grenzen gesetzt. Und nebenbei bereitest du mit der bunten Pracht Bienen und Hummeln einen großen Gefallen.
Sie lieben die nektarreichen, großen Blüten. Auch für bunte Sommersträuße wirst du immer genug Auswahl haben.

Bechermalven

Richte zwischen den vorhandenen Zwiebelblumen, Stauden oder Gehölzen das künftige Saatbett her. Streue als Nährstoffvorrat z.B. 20 g pro m² Gärtner Pötschkes Naturdünger aus.

Lockere den Boden mit einer Kralle oder mit einer Grabegabel vorsichtig, ohne die Blumen zu beschädigen. Vermische dabei den Dünger mit der Erde und arbeite ihn flach ein.

Markiere auf dem geplanten Beet den Umfang der jeweiligen Aussaatstelle. Dazu kannst du gut entweder hellen Sand oder Sägespäne verwenden.

Wenn du möchtest, kannst du ganz nach deinen Ideen mehrere Sorten nebeneinander aussäen. Streue die Samen möglichst dünn verteilt aus, damit sich die Pflanzen gut entwickeln können.

Decke die Aussaat etwa 0,5 cm hoch mit fein gekrümelter Erde ab und drücke sie mit den Händen oder dem Harkenrücken an. So erhalten die Samen Anschluss an den feuchten Boden.

Gieße das Saatbeet abschließend mit weicher Brause durchdringend an. Ganz wichtig: damit der Aufgang nicht gefährdet wird, kontrolliere das Beet täglich und lasse nichts austrocknen.

Diese pfiffige Methode eignet sich gut für Narzissen, Hyazinthen und andere langlebige Zwiebelblüher. Solange ihre Blätter noch grün sind, sammeln sie Kraft für den nächsten Austrieb. Also lass sie ungestört zwischen den Sommerblumen weiter wachsen bis sie welken und sich in den Boden zurückziehen. Hochwachsende Tulpen hingegen gräbt man besser aus und pflanzt dann im Herbst wieder neue Zwiebeln.

Kapuzinerkresse

Farbenpracht bis zum Frost

Toll im Garten und in Kästen

Auch zum Würzen und Dekorieren

Kapuzinerkresse gehört zu den schönsten aller Sommerblumen. Maler wie Claude Monet fühlten sich von der Fülle der leuchtenden Farben und vom üppigen Wuchs der Mexikanerin beglückt. Weltberühmte Bilder zeugen von dieser Faszination.

Günstige Aussaat:
Ende April bis Anfang Juni

Hast du wenig Platz im Garten, wählst du eine der traumhaft schönen niedrig und buschig wachsenden Züchtungen, die ihre Blüten gut sichtbar über den Blättern tragen.
Sie gedeihen auch bestens in Gefäßen auf dem Balkon.

Hast du reichlich Platz, kannst du dagegen mit kletternden Sorten aus Großmutters Zeiten in sommerlichen Gefühlen schwelgen. Mit tropischer Wuchskraft wachsen sie schnell in die Höhe, breiten sich aber auch als üppig blühende Bodendecker auf Beeten und entlang von Wegen aus.

Ein altes Gärtner-Sprichwort sagt, dass Kapuzinnerkresse schlecht behandelt werden will. Sie wachsen nämlich sogar in heißen, trockenen oder auch verregneten Sommern. Verzichte also getrost auf zu üppiges Düngen und gieße auch nur bei starker Trockenheit. Dann blühen die Pflanzen meist noch üppiger als bei sorgfältiger Pflege.

Streue an der vorgesehenen Stelle z.B. 20 g pro m² von Gärtner Pötschkes Pflanzenfutter für den Ziergarten aus und arbeite ihn mit Grubber oder Harke in den Boden ein.

Bereite mit der Pflanzkelle auf dem feinkrümelig hergerichteten Saatbeet im Abstand von etwa 25 cm Löcher von 2–3 cm Tiefe. Pflanzung in Gruppen sieht später besser aus als in Reihen.

Gib jeweils 2–3 Samen hinein und schließe das Loch sogleich mit etwas herbei gezogener Erde. Selbst wenn alle Samen keimen, werden sich die jungen Pflanzen nicht behindern.

Drücke alles mit dem Harkenrücken fest an. Damit erhält der Samen Anschluss an die im Boden in den sogenannten Kapillaren aufsteigende Feuchtigkeit und trocknet weniger aus.

Gieße das Saatbeet mit der Brause oder einem schwachen Wasserstrahl gründlich an, ohne dabei die Erde zu verschlämmen. Damit liegt der Samen in feuchtem Boden, die Keimung beginnt.

Innerhalb von 2–3 Wochen zeigen die jungen Pflanzen der Kapuzinerkresse die ersten Blätter. Ab Juli zaubern sie mit ihren üppigen Blättern und Trieben ein fröhlich buntes Farbenmeer herbei.

Sämtliche Teile der Kapuzinerkresse schmecken erfrischend, würzigpikant und lassen sich vielseitig verwenden: die vitaminreichen Blätter als Salat, die bunten Blüten als essbare Deko, die Knospen ergeben in Salzlake gelegt einen guten Kapern-Ersatz. In der Mischkultur fangen ihre vielen Blätter Läuse von anderen Kulturpflanzen ab. Kapuzinerkresse ist auch noch für späte Aussaaten bestens geeignet. Wenn du im Mai oder Juni noch einige Lücken im Beet bemerkst, denk an diese malerische, üppig blühende Sommerblume.

Einjährige Ranker

Senkrechtstarter direkt ins Beet säen

Blüten als Sichtschutz

Schönheiten für Garten und Balkon

Was alles?
Duftwicken, Feuerbohnen,
Zierkürbisse, Prunkwinden,
Rankende Kapuzinerkresse.

Günstige Aussaatzeit:
Ende März bis Mai

Mit schnellem Wuchs und zahlreichen Blüten sind diese einjährigen Kletterpflanzen ein wirksamer und zudem noch sehr hübscher Sichtschutz. Innerhalb von wenigen Wochen bedecken sie mit langen Trieben und vielen Blättern Zäune, Mauern, Obelisken und Rankgerüste jeder Art.

Auch Balkone und Lauben kannst du damit bequem in lauschige Paradiese verwandeln. Und das gelingt ganz einfach mit Direktsaat in größeren Gefäßen oder auf Freilandbeeten.

Wichtig: Versorge die emsig wachsenden Triebe gleich mit festen Haltemöglichkeiten wie Schnüren oder Rankgittern. Alle Kletterpflanzen aus südlichen Ländern vertragen keinen Frost, säe sie deshalb erst ab Mai unter günstigen Bedingungen aus.
Nur die Samen der zierlichen Duftwicken kannst du bei frostfreiem Wetter schon ab Ende März aussäen.

Duftwicken

1 Bereite den Boden an sonniger Stelle gelockert und feinkrümelig vor. Ziehe entlang einer straff gespannten Schnur eine 2–3 cm tiefe Rille. Das geht am besten mit einem Harkenstiel.

2 Öffne die Samentüte und schütte die Samen in deine Hand. Der Samen der Ranker, z.B. von Wicken ist vergleichsweise groß. So lässt er sich auch ohne Übung leicht ausbringen.

3 Du legst die Samen in der Rille dünn verteilt im Abstand von 2–3 cm aus. Die Keimzeit beträgt im Frühjahr 2–3, im Frühsommer nur 1–2 Wochen.

4 Ziehe mit der Harke etwas Erde darüber, so dass damit die Rille gut gefüllt wird. Drücke dann mit dem Harkenrücken kräftig an. Damit erhält der Samen Anschluss an den feuchten Boden.

5 Gieße die Saatstelle mit feiner Brause oder schwachem Strahl durchdringend an. Halte die Aussaat immer gut feucht und lasse sie nicht austrocknen. Vorsicht: Die keimenden Samen sind bei Vögeln begehrt.

6 Spätestens sobald die zarten Triebe handhoch gewachsen sind, brauchen sie Halt. Hierfür eignen sich Zäune, Rankgerüste oder Obelisken von 150–180 cm Höhe.

Die zart duftenden Wicken eignen sich prima für kleine Sträuße. Schneide die blühenden Stiele beizeiten ab, das reizt die Pflanzen immer wieder zu neuem Wachstum. Sobald sie aber Samen bilden, bleiben neue Knospen aus.

Balkonblumen

Frühe Saat – lange Blüte

Für traumhaft bunte Balkone

Mit überbordender Blütenfülle

Was alles?
Petunien, Impatiens, Salvien, Gazanien, Mittagsblumen, Löwenmäulchen.

Günstige Aussaatzeit:
Januar bis Anfang März

Bunte Exoten zählen zu unseren reizvollsten Sommerblumen. Weil sie aus ihrer südlichen Heimat an ein langes Wachstum gewöhnt sind, erfreuen sie uns monatelang mit enormer Blütenfülle.

Hängepetunien zum Beispiel können Hunderte von prächtigen Blüten an meterlangen Trieben ausbilden. Dafür benötigen sie aber eine warme Vorkultur mit frühem Start. Ideal dafür ist ein geheiztes Gewächshaus.

Gute Möglichkeiten für diese Balkonblumen bietet auch eine helle Fensterbank mit Zimmerwärme. Lege eine isolierende Platte aus Kork oder Styropor unter die Saatschale. Nach ein- bis zweimaligem Umsetzen in größere Töpfe kannst du die Jungpflanzen nach den Frösten ins Freie setzen. Gewöhne sie zuvor durch reichliches Lüften an rauere Bedingungen.

Der grüne Tipp®

Petuniensamen ist staubförmig fein. Damit man ihn fassen kann, wird er umgeben von einer das Wachstum fördernden Hüllmasse und in einem Glasröhrchen verpackt geliefert.

Petunien

1 Balkonblumen wie Petunien haben eine recht lange Anzuchtdauer. Sie werden deshalb schon sehr früh auf der Fensterbank ausgesät. Fülle nun eine Saatbox-Anzuchtschale mit z.B. Gärtner Pötschkes Aussaaterde.

2 Streiche die Oberfläche mit deinen Händen glatt und drücke die Erde leicht an. Verteile die Samen gleichmäßig auf der Oberfläche. Damit man die so winzigen Körner fassen kann, sind sie pilliert.

3 Decke die Samen nicht mit Erde ab. Besprühe die Oberfläche lediglich zweimal mit fein verteiltem Wasser. Die Erde muss immer gründlich durchfeuchtet sein.

4 Stelle jetzt die Anzuchtschale auf den Untersetzer und decke sie dann mit der durchsichtigen Haube ab. Bringe alles an einen hellen, aber nicht zu sonnigen Platz.

5 Schon bald beginnt die Keimung. Unter der Haube wachsen die jungen Pflänzchen bei günstigem Kleinklima und 18–20 °C Wärme heran. Lasse sie nicht austrocknen und lüfte bei Bedarf.

6 Haben die Jungpflanzen einen Durchmesser von 3–4 cm erreicht, kannst du diese in Töpfe umsetzen, die du z.B. mit Gärtner Pötschkes Aussaat- und Pikiererde gefüllt hast.

7 Bei diesem „Pikieren" hebst du die Pflanzen mit einem Pikierstab vorsichtig aus der Schale.

8 Setze sie im Topf in ein Loch, das zweimal so groß ist wie der Ballen. Drücke danach mit etwas Erde an.

9 Gieße die Jungpflanzen mit weicher Brause durchdringend an und stelle die Töpfe an heller, aber nicht prallsonniger Stelle bei einer Zimmertemperatur von ca. 18–20 °C auf.

Sonnenblumen

Ein Höhepunkt im Gartenjahr
Unschlagbar im Wuchs
Strahlende Blüten für Beet, Topf und Vase

Was alles?
Sonnenblumen, Kapuzinerkresse, Ringelblumen, Raupenblumen, Zinnien.

Günstige Aussaatzeit: Ende März bis Mai

**Sonnenblumen stehen wie keine andere Blume für Sommer, Freude und Natur. Mit Recht, denn die schnell wachsenden Einjährigen haben viel zu bieten: Farbenvielfalt von Gelb bis Samtbraun, Riesen und Zwerge und meist viel Pollen und Nektar für emsig sammelnde Insekten sowie Kerne für die hungrige Vogelwelt.
Für die Vase ersparen dir pollenfreie Sorten Ärger im Haus über einige klebrige Verunreinigungen. Außerdem können sich Allergiker wieder am prächtigen Blumenschmuck erfreuen. Übrigens: Bienen fliegen auch diese Sonnenblumen an, denn es gibt ja viel Nektar zu sammeln.
Da die Wurzeln der Sonnenblumen sehr empfindlich sind, säst du direkt in größere Töpfe aus. So kann sich ein dichter Ballen bilden, den du dann später problemlos verpflanzen kannst.**

Der grüne Tipp®

Hast du viel Saatgut, kannst du auch ab Ende Mai bis Juni im Freien in Tuffs jeweils 4–6 Samen aussäen. Nach dem Aufgang wird vereinzelt auf 2–3 Pflanzen, die dann mit besserer Standfestigkeit gemeinsam heranwachsen.

1. Fülle Kunststoff-Töpfe von 7–9 cm Durchmesser jeweils bis zum Rand mit z.B. Gärtner Pötschkes Aussaat- und Pikiererde und stelle sie in die Schale eines Zimmergewächshauses.

2. Drücke in jeden von ihnen 2–3 Samen jeweils 1 cm tief in die Erde. Schließe danach das Loch mit etwas Erde.

3. Feuchte nun diese Töpfe mit feiner Brause oder auch einem schwachen Strahl gründlich an. So erhalten die Samen Kontakt mit der Erde und die Keimung beginnt. Vergiss auch das Sortenetikett nicht!

4. Die Weiterkultur bis zum Pflanzen erfolgt an einer hellen aber nicht prallsonnigen Stelle auf deiner Fensterbank. Keimen mehrere Pflanzen, dann lasse nur die Kräftigste stehen. Ideal ist eine Temperatur von 18–22 °C.

5. Erst ab Mitte Mai wird ausgepflanzt. Bereite an sonniger Stelle den Boden tiefgründig gelockert vor. Dann arbeitest du z.B. 50 g pro m^2 Gärtner Pötschkes Pflanzenfutter für den Ziergarten ein.

6. Löse die Pflanze mit leichtem Druck auf den Topf und gleichzeitiges Ziehen am Stängel im ganzen Ballen heraus. Sind die Wurzeln schon verfilzt, reißt du sie vorsichtig wieder etwas mit den Fingern auf.

7. Bereite mit der Pflanzkelle in der Erde ein Loch, das sollte mindestens doppelt so groß und tief sein wie der Ballen. Setze die Pflanze hinein und drücke sie an.

8. Ein üblicher Pflanzabstand ist 40 x 40 cm. Beachte jedoch die Sorte. Hohe Züchtungen mit größeren Blättern brauchen mehr Platz, dann sind 50 x 50 cm angebracht.

9. Gieße die Pflanzen mit der Brause oder schwachem Strahl an. Damit erhalten sie intensiven Anschluss an die Bodenfeuchte und wachsen bald zügig heran.

Bunte Ranker

Mediterrane Kletterkünstler

Prunkvolle **Farbenvielfalt**

Blüten voller **Faszination**

Prunkwinde

Was alles?
Prunkwinden, Schwarzäugige Susanne, Sternwinde, Wicken, Purpurglöckchen, Kletterndes Löwenmäulchen, Passionsblume, Glockenwinde.

Günstige Aussaatzeit:
März bis Mai

Willst du dich wie im tropischen Dschungel fühlen, kann ich dir Prunkwinden wärmstens empfehlen. Die einjährigen Klettermaxen erobern mit ihren vielen blatt- und blütenreichen Trieben mühelos bis zu 3 Meter Höhe.

Ab Ende Mai und bis zum Frost öffnen sich jeden Morgen immer mehr neue traumhaft schöne Trichterblüten. Zusammen mit den Prunkwinden kannst du auch andere Wärme und Sonne liebende Ranker wie Schwarzäugige Susanne mit ihren gelbschwarzen Blüten, das reizende Kletternde Löwenmäulchen aus Mexiko oder die Glockenrebe mit ihren großen, blauen Glockenblüten anziehen.

Alle drei blühen üppig und lange bis in den Herbst auf dem Balkon, in Gefäßen, an der Laube, an Zäunen, Mauern, Rosenbögen oder Rankgerüsten.

1 Fülle Kunststofftöpfe von 7–10 cm Durchmesser bis zum Rand z.B. mit Gärtner Pötschkes Aussaat- und Pikiererde.

2 Drücke zunächst die noch lockere Erde in den Töpfen durch leichtes Andrücken mit den Fingerspitzen etwas an.

3 Lege nun in jeden Topf 3–5 Samen gleichmäßig über die Oberfläche verteilt und jeweils 1 cm tief ab und schließe das entstandene Loch mit Erde.

4 Decke danach alles gleichmäßig ca. 0,5 cm hoch mit etwas Erde ab und durchfeuchte alles gründlich mit einem schwachen Strahl oder feiner Brause.

5 Weil die jungen Pflänzchen bald nach dem Aufgang Halt benötigen, stecke jetzt schon pro Topf 3 Stäbe hinein und binde sie oben mit einer Schnur zusammen.

6 Stelle die Pflanzen bis zum Auspflanzen an eine helle, aber nicht prallsonnige Stelle. In meinen praktischen Kunststoffschalen bleibt selbst beim Gießen alles sauber.

Schon die jungen Kletterpflanzen schlingen sich direkt nach der Keimung mit schnellem Wachstum empor. Je nach Art machen sie dies durch windendes Wachstum oder mit Hilfe von Blattranken. Bei der Anzucht musst du deshalb darauf achten, dass sie nicht ineinander wachsen. Setze die Töpfe daher weit genug auseinander und sorge rechtzeitig für noch längere Stützen. Eine wöchentliche Flüssigdüngung im Gießwasser und vor dem Auspflanzen bekommt ihnen gut. Härte die jungen Pflanzen kurz vor dem Ausbringen durch reichliches Lüften ab.

Blüten-Vielfalt im Frühbeet anziehen

Kunterbunte Wachstumswunder

Schönheiten für Topf und Beet

Was alles?
Cosmeen, Tagetes, Astern, Levkojen, Bechermalven, Nelken, Zinnien, Stiefmütterchen, Stockrosen, Steinkraut, Kornblumen.

Günstige Aussaatzeit:
April bis Juni

Egal, ob du zur eigenen Anzucht von Blumen ein geschütztes Frühbeet mit transparenten Wänden, ein durch Bio-Vlies abgedecktes Saatbeet oder ein Hochbeet mit einem Tunnel darüber verwendest, das Aussäen und Pflegen darin ist einfach und macht Freude. Je größer der Garten, desto mehr lohnt sich diese kleine Mühe.

Robuste Sommerblumen mit ähnlichen Temperaturansprüchen wie den oben genannten kannst du problemlos nebeneinander kultivieren. Unter der Abdeckung entsteht durch die Kraft der Sonneneinstrahlung ein sehr günstiges feuchtwarmes Kleinklima, das den Boden erwärmt und den Pflanzenwuchs fördert.

Der grüne Tipp®

Zu viel Hitze kann leicht zu Verbrennungen und zu verzärtelten Pflänzchen führen. Lüfte daher der Witterung angepasst. Damit härtest du die Pflanzen zugleich ab. Bei kühleren Temperaturen bleibt der Deckel geschlossen.

Cosmeen

Dieses Frühbeet aus lichtdurchlässigem PVC bietet hervorragende Bedingungen zur Anzucht empfindlicher Pflanzen. Der verschließbare Deckel hilft beim Speichern der Wärme.

Fülle das Beet 10–15 cm hoch mit einer hochwertigen Aussaaterde, wie z.B. Gärtner Pötschke Aussaat- und Pikiererde. Ziehe darin mit der Handkante oder Pflanzkelle ca. 2 cm tiefe Saatrillen im Abstand von 10 cm.

Im Frühbeet finden leicht mehrere Reihen mit Anzuchten Platz, die unter ähnlichen Bedingungen gedeihen. Mit diesen praktischen Stecketiketten kannst du die Saaten markieren.

Verteile die feinen Samen – hier Sommerazaleen – sorgfältig mit etwas Abstand in der Reihe. Das gelingt mit ein wenig Übung am besten durch vorsichtiges Herausschütteln oder leichtes Betupfen der Samentüte.

Ziehe nun mit den Fingern etwas Erde über die Rille und schließe sie damit. Wichtig ist das Andrücken der Erde mit dem Handrücken. So erhält der Samen den wichtigen Bodenschluss, damit er keimen kann.

Mit feiner Brause und schwachem Strahl durchfeuchtest du das Saatbeet nun mehrmals gründlich, aber ohne zu verschlämmen. Sorge bis zur Keimung dafür, dass nichts austrocknet.

Sobald sie Handhöhe erreicht haben, kannst du die kräftigen Jungpflanzen mit der Kelle herauslösen. Achte dabei darauf, dass die Wurzeln alle möglichst gut erhalten bleiben.

Lockere den Boden an der vorgesehenen Stelle und setze die junge Pflanze in ein passendes Loch. Zu lange Wurzeln kannst du kürzen. Dann ziehst du mit der Kelle Erde heran und drückst an.

Durch ein gründliches Gießen mit weichem Strahl und feiner Brause füllen sich vorhandene Lücken in der Erde. Die Pflanzen erhalten so den wichtigen Anschluss an den Boden.

Gründüngung

Die Erholungskur für müde Böden
Natürliche Hilfe für strapazierte Gärten
Futterparadies für Bienen

Was alles?
Phacelia (Bienenfreund), Gelbsenf, Lupinen, Grün-Mischungen.

Günstige Aussaatzeit:
April bis Ende August

Der Gartenboden braucht nach der Ernte eine Erholungskur und neue Nahrung. Einfach und auf natürliche Weise schaffst du das mit Gründüngung, also Pflanzen, die in kurzer Zeit reichlich Blattmasse und Wurzeln bilden.

Mitglieder der Leguminosen-Familie wie Lupinen können noch mehr, sie sammeln Stickstoff aus der Luft, den sie mithilfe von nützlichen Bakterien in Wurzelknöllchen einlagern. Sterben die Pflanzen ab, werden die Nährstoffe allmählich frei und stehen nachfolgenden Kulturen im biologischen Kreislauf erneut zur Verfügung.

Gründüngung beschattet den Boden, lockert ihn durch Wurzelkanäle bis in tiefe Schichten und bewahrt Nährstoffe über Winter vor dem Abdriften ins Grundwasser. Praktisch sind Aussaaten nach der Haupternte im August. Arbeite die klein gehäckselten Gründüngungspflanzen im Spätherbst oder im zeitigen Frühling vor dem Herrichten der Saatbeete flach in den Boden ein.

Phacelia (Bienenfreund)

Lockere die Erde tiefgründig. Damit verhinderst du Staunässe und durchlüftest den Boden. Bei lehmigen Böden gelingt das am besten mit einem Spaten, bei sandigen genügt das tiefe Durchreißen mit einem Grubber.

Beim Harken kreuz und quer entfernst du gleich Steine, grobe Erdbrocken und Wurzeln. Dabei entsteht eine feinkrümelig hergerichtete Oberfläche, ideal für die Aussaat.

Die Aussaat-Dichte ist je nach Art unterschiedlich. Der Samen von Phacelia ist recht fein, deshalb wird wenig gebraucht. So reichen 50 g für 10 m² völlig aus.

Säe nun die Körner mit lockerem Schwung recht breitwürfig, gleichmäßig und sehr dünn verteilt aus. Damit sie nicht wegdriften, wählst du zum Aussäen einen möglichst windstillen Tag.

Arbeite die Samen durch Harken kreuz und quer flach in den Boden ein. Die Lichtkeimer finden so genügend Halt und Schutz vor dem Wind. Nicht mit Erde bedecken.

Gieße danach alles mehrfach und gründlich mit feiner weicher Brause an, ohne dabei den Boden zu verschlämmen. Halte den Boden in Folge immer schön feucht, damit der Keimerfolg nicht gefährdet wird.

Viele Gründüngungspflanzen sind wie der sehr hübsche blaue Bienenfreund (Phacelia) oder der Gelbsenf mit ihren Blüten eine Zierde und von großem Nutzen für die Nektar- und Pollen sammelnden Wild- und Honigbienen, Hummeln, Schmetterlinge, Schwebfliegen und noch viele weitere im Garten nützliche Insekten.
Der Bienenfreund ist mit keiner der hiesigen Pflanzenfamilien verwandt und so ideal als Fruchtfolgepartner, zur Bodengesundung und als Bienennahrung.

Kartoffeln

Leckeres aus der Erde

Gesund, bunt und aromatisch
Kinderleichter Anbau

Was alles?
Festkochende Salatkartoffeln, vorwiegend festkochende Pell- und Salzkartoffeln, mehlige Püree- und Kloß-Kartoffeln

Günstige Pflanzzeit:
Ende März bis Mitte Mai

Kartoffeln sind eine tolle Delikatesse. Ob festkochend oder mehlig, goldgelb, mit roter Schale oder mit blauem Fleisch, bei mir findest du immer deine Wunschsorte.
Du kannst frühe Sorten im Juni–Juli ernten, mittelfrühe im August und späte für die Lagerung im September/Oktober.
Zur Ernte hebe die Knollen mit einer Grabegabel vorsichtig heraus. Sie lassen sich bei kühlen 4–9 °C und hoher Luftfeuchte monatelang lagern. Kartoffeln gedeihen gut auf sandhaltigen, nährstoffreichen und gut wasserdurchlässigen Böden. Verbessere den Humusgehalt im Herbst durch Einbringen von Gründüngung und Kompost (2–3 Liter pro m^2).

Der grüne Tipp®

Frühkartoffeln kannst du um etwa 2 Wochen zeitiger mit der sehr praktischen Gärtner Pötschke Vorkeimkiste ernten. Darin werden die Kartoffeln ab Ende Februar hell und zimmerwarm aufgestellt. Nach etwa 3–4 Wochen bei 15 °C haben sich kräftige Keime zum Auspflanzen entwickelt.

Von Ende März bis Mitte Mai ist bei frostfreiem Wetter die Pflanzzeit für Kartoffeln, in wärmeren Regionen auch schon früher. Grabe dazu den Boden tief durch und arbeite dann pro m² 30–50 g z.B. Gärtner Pötschkes Naturdünger ein.

Bereite im gelockerten Boden entlang einer straff gespannten Schnur eine ca. 10 cm tiefe gerade Furche. Dabei leistet eine stabile Hacke gute Dienste.

Kartoffeln brauchen einen Abstand in der Reihe von 30–40 cm. Frühe Sorten kommen mit einem Abstand von 60 cm zwischen den Reihen aus. Die kräftiger wachsenden späteren Sorten brauchen aber einen Reihenabstand von 70 cm.

Lege die Knollen in die vorbereitete Furche. Bei vorgetriebenen Kartoffeln sollten die Keime nach oben schauen. Behandle sie vorsichtig, damit diese nicht abbrechen.

Ziehe nun vorsichtig die krümelige Erde darüber und sorge dafür, dass dabei die Furche überall gut gefüllt ist. Durch Anhäufeln entsteht schon ein kleiner Damm.

Gieße alles gründlich mit weichem Strahl an. So erhalten die Knollen ringsum intensiven Kontakt mit der feuchten Erde, trocknen nicht aus und bilden bald viele Wurzeln.

Sobald die Triebe ca. 15 cm hoch sind, häufelst du ab Mai bis zur Blüte mehrfach von beiden Seiten ca. 10 cm hoch weitere Erde an. Sie strecken sich dadurch, bilden mehr Wurzeln und später daran viele Knollen.

Regelmäßiges Lockern des Bodens und eine gute Wasserversorgung sind wichtig. Hacke die Pflanzen ringsum, beseitige eventuell vorhandenes Unkraut und häufele nochmals an.

Noch bis zum Beginn der Blüte ist Gelegenheit, den hohen Nährstoffbedarf zu decken. Arbeite daher z.B. 100 g/m² vom sehr schnell wirkenden Gärtner Pötschke Pflanzenfutter für Kartoffeln flach in den Boden ein.

Steckzwiebeln

Einfach zu pflanzen
Für die schnelle und sichere Ernte
Von würzig bis fein-mild

Was alles?
Steckzwiebeln, Knoblauch, Schalotten, Etagenzwiebeln, Gelblauch, Bärlauch.

Pflanzzeit:
Im Frühjahr ab März bis Ende April, im Herbst ab September bis Anfang Oktober

Viel schneller und leichter als durch Aussaat lassen sich Zwiebeln, Knoblauch und Schalotten aus Steckzwiebeln anziehen.

Das sind kleine Zwiebelchen, die von erfahrenen Gemüsegärtnern aus Samen gezogen, frühzeitig geerntet und bei speziellen Bedingungen gelagert werden. Empfindliche Sorten werden zusätzlich noch einer Wärmebehandlung unterzogen. Damit verhindert man das vorzeitige Schießen und Blühen der Pflanzen.

Direkt ins Beet gepflanzt bewurzeln sich die Steckzwiebeln im Nu. Der Vorteil: Du kannst schon nach wenigen Wochen reichlich prächtige Zwiebeln, würzigen Knoblauch oder feine Schalotten ernten.

Tipp: Kenner wissen, dass die kleinsten Zwiebelchen die besten, ergiebigsten und teuersten sind. Das gilt sowohl für die Frühjahrs- als auch für die Herbst-Sorten zur Überwinterung. Den beliebten Knoblauch gibt es sogar nur als Steckzwiebel.

1. Bereite das Beet an einer sonnigen Stelle tiefgründig gelockert und feinkrümelig hergerichtet vor.

2. Ziehe entlang einer straff gespannten Schnur mit einem Reihenzieher oder auch einer Hacke im Abstand von 20–30 cm eine 2 cm tiefe Rille.

3. Steckzwiebeln sind bereits gut entwickelte Pflanzen. Daher wachsen sie auch viel schneller als gesäte. Im zeitigen Frühjahr gesteckt, kannst du sie meist schon ab Mitte Juli ernten.

4. Stecke die Zwiebelchen im Abstand von 8–10 cm nur so tief in den Boden, dass ihr Hals gerade noch sichtbar ist. Der Abstand in der Reihe beträgt bei Knoblauch und bei Schalotten 15 cm.

5. Steckzwiebeln (links), die Zehen vom Knoblauch (in der Mitte) und die größeren Schalotten (rechts außen) gedeihen problemlos nebeneinander. Gieße alles mit schwachem Strahl gründlich an.

6. Bis zu ihrer Ernte im Hochsommer wachsen diese würzigen Zwiebel-Varianten innerhalb von nur wenigen Wochen heran. Hacke mehrfach, das durchlüftet den Boden und fördert das Wachstum.

Für die Pflanzung teilst du den Knoblauch in die einzelnen sichelförmigen Segmente, auch „Zehen" genannt. Diese pflanzt du dann in die Beete aus. Übrigens: Neben den kräftig-aromatischen weißen Sorten gibt es auch schmackhafte rosa Sorten mit mild-würzigem Aroma.

Spargel

Ist gar nicht schwierig im Anbau

und bringt dann über Jahre hohe und einmalig leckere Erträge

Was alles?
Bleichspargel, Grünspargel, violetter Spargel.

Pflanzzeit:
März bis April

Bleichspargel unterscheidet sich von grünem und violetten Spargel dank einer von holländischen Gärtnern erfundenen Treibmethode durch appetitlich weiße Stangen.

Für Bleichspargel brauchst du einen steinfreien sandigen Boden in geschützter sonniger Lage. In Erddämmen treiben im Frühjahr die zarten Triebe unter Lichtabschluss und bleiben deswegen so makellos weiß. Das Ernten ist jedes Jahr bis Ende Juni möglich. Eingebürgert hat sich das Datum des 24. Juni, der Johannistag.
Ab diesem Zeitpunkt musst du den Spargel dann Blattgrün treiben lassen, damit er sich regenerieren kann.
Grüner und Violetter Spargel wachsen ohne das Anlegen von Erddämmen.

In Salzwasser gegart, zergehen die Delikatessen mit zartem Schmelz auf der Zunge und zeichnen sich durch mildes feinstes Aroma aus.

Der grüne Tipp®

Durch das Abdecken mit schwarzer Folie lassen sich die hügeligen Bleichspargelbeete auf einfache Weise frühzeitig erwärmen. Die Sonnenenergie wird aufgefangen und gleichzeitig anhaltend unter der Folie in den Dämmen isolierend gespeichert. Die Stangen treiben so erheblich früher aus, bleiben selbst beim Durchbrechen der oberen Erdhügelschicht vor Sonnenlicht geschützt und somit makellos weiß. Außerdem unterdrückt die Folie durch den Lichtabschluss den Unkrautwuchs. Befestige die Folie auf einer Seite fest z.B. mit schweren Steinen oder durch Aufwerfen von Erde. Auf der anderen Seite nimmst du nur lange Stangen. Die Folie ist somit fixiert und für den Ernteeinsatz oder zwischenzeitliche Kulturarbeiten immer wieder von einer Seite leicht abnehmbar.

Die Monate März–April und dazu ein sonniger Standort sind ideal zur Anlage eines neuen Spargelbeetes. Hebe einen 50 cm breiten Pflanzgraben aus. Für Bleichspargel sollte er ca. 40 cm tief sein, für Grünspargel reichen 25 cm Tiefe.

Lockere die Grabensohle spatentief. Fülle darauf eine 10 cm starke Schicht Kompost und arbeite pro 10 m Reihe z.B. 1,5 kg Gärtner Pötschkes rein organischen Rinderdung ein.

Die Jungpflanzen setzt du nun im Abstand von ca. 35 cm (3 Pflanzen pro Meter) auf kleine Erdhügel. Breite dabei die Wurzeln nach allen Seiten aus.

Decke zunächst die Pflanzen mit etwas Erde zu. Die Triebspitzen sollen anfangs nur ca. 5 cm hoch mit Erde bedeckt sein.

So sieht der Graben nach Abschluss der Pflanzarbeiten aus. Die dabei ausgegrabene Erde ist bis zum Verfüllen im Sommer rechts und links dammförmig gestapelt.

Gieße nun den frisch gepflanzten Spargel gründlich an. Durch das Einschlämmen erhalten die Wurzeln schlüssigen und feuchten Kontakt mit dem Boden, was das Anwachsen garantiert.

Im Juni haben die Pflanzen schon ausgetrieben und brauchen weitere Nährstoffe. Streue pro 10 m Reihe 0,5 kg z.B. Gärtner Pötschke Pflanzenfutter komplett aus.

Mit einem Rechen oder einem Grubber vermischst du den Dünger vorsichtig mit dem Boden. Vergiss nicht, die junge Pflanzung bei Trockenheit ausgiebig zu gießen.

Ab Mai füllst du den Graben mit der ausgeschaufelten Erde, ebnest den Boden ein und hältst ihn immer feucht. Den typischen Erdwall legst du für Bleichspargel erst im dritten Jahr zur ersten Ernte an.

Rhabarber

Omas Stiele wieder ganz modern

Von süß-mild bis frisch-fruchtig

Über Jahre immer wieder ernten

Was alles?
Rotfleischiger Rhabarber, grünfleischiger Rhabarber, Himbeer-Rhabarber.

Günstige Pflanzzeit:
Im Frühjahr von März bis Ende April, im Herbst ab Ende September

Ob für leckeres Kompott, saftigen Kuchenbelag oder als erfrischenden Saft, Rhabarber gehört in jeden Garten.

Zumal das anspruchslose Stängelgemüse kaum Arbeit macht und auch wenig anfällig für Schädlinge und Krankheiten ist. Wählst du einen nährstoffreichen und feuchten Boden, kannst du davon etwa 10 Jahre lang immer wieder ernten. Die dekorativen Pflanzen nehmen sogar mit halbschattigen Plätzen Vorlieb.

Sobald im Frühjahr kräftige Sonnenstrahlen die ersten zarten Blattstängel aus dem Boden locken, kannst du sie mit leichter Drehung (kein Schnitt!) von der Pflanze lösen. Bis Ende Juni kannst du ständig ernten, dann wird der anfangs feinsäuerliche Geschmack durch die enthaltene Oxalsäure zu kräftig.

Und nun ist es auch Zeit, der Pflanze eine Ruhepause zu geben. Mit reichlich Gießen und mehrfachem Düngen können die Pflanzen Kraft für die nächste Ernte im Frühling schöpfen.

1. Damit der Rhabarber lange reichliche Ernten bringt, lockerst du den Boden durch Umgraben zwei Spaten tief. Mische dabei z.B. reichlich Kompost und auch Gärtner Pötschkes Hornspäne darunter.

2. Löse die Wurzelstücke vorsichtig aus der Verpackung. Dann lockerst du die Wurzeln mit den Fingern. Achte darauf, dass bereits ausgetriebene Blätter nicht abbrechen.

3. Anschließend hebst du ein Pflanzloch aus, das mindestens doppelt so breit wie das Wurzelstück und dazu 3–5 cm tief ist. Der Pflanzenabstand sollte nicht enger sein als 1 x 1 Meter.

4. Lege den Ballen nun flach hinein und fülle von allen Seiten so viel Erde an, dass dadurch ein Gießrand entsteht. Dann drückst du die Pflanze mit den Fingern leicht an.

5. Durch gründliches Gießen mit einem schwachen Strahl wird Erde an die Wurzeln geschlämmt und diese erhalten somit einen intensiven Bodenschluss, der für das schnelle Anwachsen äußerst wichtig ist.

6. Lasse die Pflanzen nie austrocknen und dünge ab und zu z.B. mit Gärtner Pötschkes Pflanzenfutter komplett. Gebe den Pflanzen Zeit, sich gut zu entwickeln. Ernte daher erstmals im Folgejahr.

Tauche die Ballen vor dem Pflanzen einen Tag lang in Wasser. So können sie sich vollsaugen, trocknen nicht aus und wachsen bald sicher an. Rotfleischige Sorten sind besonders süß und eignen sich für Kuchen und Kompott. Wer es jedoch lieber fruchtigfrisch mag, für den sind die grünfleischigen Sorte 1. Wahl.

Erdbeeren

Für viele gibt es nichts Schöneres

als diese köstliche Sommerfrucht

aus dem eigenen Garten

Was alles?
Erdbeeren für das Beet, Klettererdbeeren, Hängeerdbeeren, Erdbeeren in Balkonkästen und Kübeln.

Pflanzzeit:
August bis September
Pflanzen aus Töpfen ganzjährig

Eine Naschecke mit herrlich süßen Erdbeeren gehört zum Besten was jeder Garten für Kinder und Erwachsene zu bieten hat.

Bei der Sortenwahl musst du dich lediglich zwischen den so genannten immertragenden Erdbeeren mit einer Reifezeit von Juni bis Oktober und den einmaltragenden Sorten entscheiden. Diese bringen eine hohe konzentrierte Ernte in den beiden Monaten Juni und Juli.

Der grüne Tipp®

In Töpfen gezogene Erdbeerpflanzen mit Ballen stehen im Gegensatz zu den wurzelnackten Erdbeeren das ganze Jahr über zur Verfügung. Du kannst sie bei frostfreiem Boden zu jeder Jahreszeit pflanzen. Hast du dich erst im Winter zur Pflanzung entschieden, kannst du das mit getopfter Ware sofort im Frühjahr nachholen. Knospen und Blüten setzen dann schnell an und du kannst dich an leckeren Früchten erfreuen.

1. Erdbeeren lieben Sonne und einen gut gelockerten Boden. Damit sie viel Ertrag bringen, streust du zunächst z.B. etwa 50 g pro m² Gärtner Pötschkes Pflanzenfutter für Beerenobst aus.

2. Arbeite den Dünger in den Oberboden ein. Das gelingt mit einer Kralle oder einer Harke, am besten jedoch mit einem Grubber.

3. Hole die Pflanzen möglichst bald aus der Verpackung. Damit sie bis zum Pflanzen nicht austrocknen, lässt du sie in einem Eimer Wasser saugen und deckst sie danach evtl. schattig ab.

4. Lege die Pflanzen zunächst in gleichmäßigem Abstand von 25–30 cm entlang einer Schnur in Reihen aus.

5. Bereite mit der Pflanzschaufel ein Loch, mindestens 6 cm breit und so tief, dass die Wurzeln ungekürzt und gerade in die Erde gelangen. Pflanze nicht zu tief und bedecke das Herz nicht mit Erde..

6. Anschließend füllst du das Loch mit Erde. Drücke die Pflanze mit den Fingern gut an. Zum Schluss soll das Herz rundum frei und kurz über der Erdoberfläche stehen.

7. Weite Abstände von ca. 60–70 cm zwischen den Reihen sind wichtig, denn sie erleichtern so später das Pflegen und Ernten. Zudem wird Pilzerkrankungen vorgebeut.

8. Gieße die Pflanzen vorsichtig, aber gründlich an. Dabei werden die Wurzeln mit Erde eingeschlämmt. Durch den engen Kontakt zum feuchten Boden wachsen die Pflanzen bald an.

9. Um saubere Früchte zu ernten, bringst du im Frühjahr zwischen den Reihen Stroh, Rindenmulch, Holzwolle oder Mulchfolie aus. Das verhindert Schneckenfraß und hält den Boden länger feucht.

Beerenobst

Frisch geerntet am besten

direkt von der Hand in den Mund – ein Genuss für Groß und Klein

Was alles?
Johannisbeer-Hochstämmchen, Stachelbeer-Hochstämmchen, auch Rosen- und andere Hochstämmchen von Ziergehölzen.

Pflanzzeit:
Ganzjährig.
Bei frostfreiem Boden, wenn die Pflanzen im Topf gezogen wurden

Die leckeren Früchte von z.B. süßsauren Johannisbeeren, aromatische Stachel- und Jostabeeren schmecken noch einmal so gut, wenn du sie ohne dich zu bücken ganz bequem in Arbeitshöhe ernten kannst. Möglich machen das die noch dazu platzsparenden Hochstämme. Hier wächst die Sorte auf einem jeweils 80–90 cm hohen Stämmchen.
Ein weiterer Vorteil ist, die darunter liegende Fläche nochmals mit z.B. erntebringenden Erdbeeren oder blühenden Stauden bzw. Sommerblumen zu unterpflanzen.

Der grüne Tipp®

Um den Pflanzballen leichter aus dem Topf lösen zu können, feuchte den trockenen Ballen etwas an. Danach entfernst du mit einer Schere alle aus dem Topfboden herausgewachsenen Wurzeln. Drücke den Topf nun von allen Seiten und ziehe – die Pflanze umgreifend – den Ballen vorsichtig und mit Gefühl, teils am Topfrand nachdrückend, aus dem Gefäß.

Johannisbeeren

1 Lockere den Boden an der Pflanzstelle tiefgründig. Durch Beimischen von z.B. Gärtner Pötschkes Pflanzenfutter für Obstgehölze sorgst du für gutes Wachstum und reichen Ertrag.

2 Hebe ein Pflanzloch aus, das etwa mindestens 1 ½ mal so tief und breit ist wie der Ballen. Dabei lässt sich der Dünger gut noch etwas mit der Erde vermischen.

3 Schlage jetzt schon ca. 30 cm tief einen Stützpfahl in den Boden. Damit der Wind die Krone nicht abdrehen kann, muss er später weit über die Veredelungsstelle (knotenartige Verdickung) ragen.

4 Ziehe als nächstes den feuchten und zuvor getauchten Ballen aus dem Topf und vergiss nun nicht, verfilzte Wurzeln mit den Fingern, einem Messer oder einer Schere zu lockern.

5 Setze den Ballen auf dem vorher mit Pflanzerde unterfütterten Boden pfahlnah auf das vorhandene Bodenniveau ein und fülle das Pflanzloch während des Pflanzens wiederholt mit verbesserter Erde auf.

6 Jetzt kannst du den Ballen rundum fest antreten. Durch Verdichten des Bodens bekommt auch der Stützpfahl noch mehr Halt. Anschließend legst du einen Gießrand an.

7 Befestige das Stämmchen im Kronenbereich am Stützpfahl mit einer 8er Schleife aus Kokosfaser oder Kunststoffband, zunächst unter- und dann auch oberhalb der Veredelungsstelle.

8 Gieße den Ballen mit schwachem Strahl gründlich an. Durch das Einschlämmen von Erde entsteht ein guter Kontakt mit den Wurzeln, der das Anwachsen fördert.

9 Den idealen Platz für ein solches Beerenobst-Stämmchen findest du an einem sonnigen Standort und im Windschutz einer Hecke.

Obstbäume

Kern- und Steinobst aus eigener Anzucht

wird immer **beliebter** und bringt in jedem Garten **Leckeres** zum Naschen

Apfel

Was alles?
Zum Kernobst zählen vor allem Äpfel, Birnen und Quitten. Beliebte Steinobstarten sind Aprikosen, Kirschen, Mirabellen, Nektarinen, Pflaumen und Pfirsiche.

Pflanzzeit:
Ganzjährig.
Bei frostfreiem Boden, wenn die Pflanzen im Topf gezogen wurden

So wie hier gezeigt, pflanzt du alle Büsche, Halb- und Hochstämme von Apfel, Birne, Kirsche & Co.

Beachten musst du bei Apfel, Birne, Quitte und Kirsche, dass diese zur Befruchtung und den somit einsetzenden Ertrag immer eine zweite Sorte benötigen. Welche Sorte zu deiner gewählten passt, erfährst du beim Kauf oder aus Fachbüchern, den Pflanz- und Pflegeanleitungen sowie im Internet.
Pflanzt du zu einem bereits fruchtbringenden Bestand eine weitere Sorte hinzu, wird auch die neue Sorte mit hoher Wahrscheinlichkeit tragen.

Der grüne Tipp®

Kern- und Steinobst, wie Äpfel, Birnen, Kirschen, Pflaumen, Quitten usw. sind in der Regel veredelt. Das bedeutet, dass die gewählte Edelsorte alleine oberirdisch wächst und fruchtet. Unterirdisch (die Wuzeln bildend) nutzt man die weitaus besseren Eigenschaften wie z.B. Winterhärte, schwächeres Wachstum und frühzeitigen Ertrag von einer anderen artverwandten Pflanze als Unterlage. An der so genannten Veredelungsstelle verwachsen dann die beiden. Damit die aufveredelte Obst-Sorte später keine eigenen Wurzeln bildet, muss sich die Veredelungsstelle nach der Pflanzung deutlich frei über der Erdoberfläche befinden. Die Veredelungsstelle ist meist auf den oberen 10–30 cm Stammlänge und speziell bei noch jungen Bäumen als abgesetzte kleine Verzweigung erkennbar.

1 Lockere zuerst den Boden tiefgründig im zuvor gegrabenen Loch und vermische ihn z.B. mit Gärtner Pötschkes Pflanzenfutter für Obstgehölze und etwas Pflanzerde.

2 Schlage jetzt schon einen stabilen Pfahl ca. 30 cm tief in den Boden. Er muss so lang sein, dass er später noch in die Krone ragt.

3 Wässere den Ballen gründlich, entweder durch Gießen oder durch Tauchen in einem Wassereimer bis keine Luftbläschen mehr aufsteigen. So löst er sich leichter aus dem Topf.

4 Reiße verfilzte Ballen mit einem Messer oder mit den Fingern auf. Damit wird die Bildung neuer Wurzeln angeregt und das Anwachsen gelingt besser.

5 Setze den Ballen etwas tiefer als das ursprüngliche Erdniveau ein und fülle das Pflanzloch mit einem Gemisch aus Pflanzerde und Gartenboden auf.

6 Durch wiederholtes Befüllen und Antreten ringsum erhält der Ballen Halt und Hohlräume verschwinden. Ziehe noch etwas Erde heran und forme daraus einen Gießrand.

7 Gieße alles mit schwachem Strahl gründlich und durchdringend an. Dabei schlämmt Erde an die Wurzeln und ein guter Kontakt entsteht, der die neue Wurzelbildung fördert.

8 Verbinde Stamm und Pfahl oben in der Krone und unten stabil mit zwei Schleifen in 8er-Form, so dass sie nicht scheuern. Geeignet sind weiche Bänder aus Kokos oder Gummi.

9 Diesen Schutz braucht das junge Bäumchen mindestens 4–5 Jahre. Erst wenn es fest verwachsen und kräftig ist, kannst du den Pfahl entfernen.

Himbeeren

Ganz einfach im Anbau bringen sie bis in den Herbst schmackhafte Früchte mit dem typischen Beerenaroma

Was alles?
Himbeeren, Japanische Weinbeeren, Taybeeren.

Pflanzzeit:
Ganzjährig.
Bei frostfreiem Boden, wenn die Pflanzen im Topf gezogen wurden

Ob für köstliche Marmelade, zum Einfrieren oder zum Naschen frisch vom Strauch, Himbeeren sind das ideale Beerenobst für Groß und Klein. Mit einem vielfältigen Angebot an pflegeleichten und ertragreichen Sorten kannst du von Juni bis Oktober mehr als 12 Wochen frische Himbeeren genießen.

Mit den Sorten der neueren Herbst-Himbeeren kannst du die Ernte sogar bis zum Frost verlängern. Diese sind zudem, weil spätblühend, immer frei von Himbeermaden!

Der grüne Tipp®

Bevor es ans Pflanzen geht, tauchst du die Ballen in einem Gefäß so lange unter Wasser, bis sich keine Luftbläschen mehr zeigen. Dabei ist es besser, die Pflanze vorerst im Topf zu lassen und mitsamt diesem zu tauchen. Die den Wurzeln anhaftende Erde bleibt so erhalten, und der Ballen saugt sich über die freie Oberfläche und die Löcher im Boden gut voll. Mit diesem Wasservorrat wachsen die Pflanzen sicher an.

1. Damit die Himbeerruten Halt finden, brauchen sie ein stabiles Spalier aus ca. 2 m langen und 8–10 cm starken Pflöcken, das du vor dem Pflanzen einrichten musst. Dazwischen befestigst du in 3 Höhen Drähte oder Holzlatten.

2. Richte das ganze Pflanzbeet tief gelockert her. Mische dann reichlich Humus sowie z.B. Gärtner Pötschkes Pflanzenfutter für Obstgehölze als Nahrungsvorrat in den Boden.

3. Entlang einer gerade gespannten Schnur hebst du nun einen ca. 20 cm tiefen Graben für die Ballenpflanzen aus. So sparst du mit dieser Methode gegenüber einer Einzelbepflanzung Arbeit und Zeit.

4. Ziehe die vorher gut durchnässten Ballen aus dem Topf und lockere verfilzte Ballen mit den Fingern oder einem Werkzeug. Das fördert die Wurzelbildung und somit das Anwachsen.

5. Setze nun die Ballen im Abstand von ca. 50 cm so flach ein, dass sie mit höchstens 5 cm Erde bedeckt sind. Ein Reihenabstand von 150 cm ist günstig, damit die Pflanzen gut Licht und Luft bekommen.

6. Durch das Antreten der aufgefüllten Pflanzerde ringsum bekommen die Jungpflanzen den nötigen Kontakt zum Boden. Richte dabei die Pflanzen gerade aus und forme einen Gießrand, der das Wasser hält.

7. Mit weichem Strahl schlämmst du nun die Pflanzen gründlich ein und schaffst damit endgültigen Wurzelkontakt ohne Hohlräume zum Boden. Nie austrocknen lassen!

8. Als Waldpflanzen lieben vor allem Himbeeren eine feuchtehaltende Abdeckung mit Mulch, zum Beispiel mit Rindenhumus, Holzhäcksel, Sägespänen, Laub oder Mulchfolie.

9. Schneide die abgetragenen Ruten gleich nach der Ernte dicht über dem Boden ab. Von den neuen Austrieben belässt du pro Laufmeter nur 10–15 der kräftigsten Triebe.

Brombeeren

In Säulenform oder klassisch am Gerüst

lassen sie jeden ganz einfach in den Fruchtgenuss kommen

Was alles?
Brombeeren, schwarze und rote Säulen-Johannisbeeren.

Pflanzzeit:
Ganzjährig.
Bei frostfreiem Boden, da die Pflanzen im Topf gezogen wurden

Süß, saftig und herrlich fruchtig im Aroma, das macht Brombeeren unwiderstehlich. Direkt von der Hand in den Mund oder verarbeitet präsentieren sich die selbstfruchtenden Brombeeren als leckeres Naschobst.

Viele Sorten sind stachellos, lassen sich daher leicht und angenehm ernten und brauchen im Allgemeinen viel weniger Pflege als oftmals vermutet. Säulenbrombeeren werden bis ca. 180 cm hoch und gedeihen leicht auch in größeren Gefäßen auf Balkonen und Terrassen.

Noch ganz neu sind Brombeersorten, die in jedem Herbst bodennah zurückgeschnitten werden und trotzdem jedes Jahr aufs Neue tragen.

Der grüne Tipp®

Pflanze mehr und mehr Säulenobst in deinen Garten. Die Vorteile werden dir gefallen: Die schlanke Wuchsform erlaubt dir engere Pflanzabstände und du bekommst eine größere Sortenvielfalt in deinen Garten. Außerdem musst du die Gehölze weder langfristig anbinden noch aufwendig beschneiden. Neben Säulen-Brombeeren gibt es im Bereich des Beerenobstes auch Johannis- und Stachelbeeren in Säulenform. Eine größere Pflanzen-Palette in Säulenform steht dir beim Kern- und Steinobst zur Verfügung. Hier sind es Äpfel, Kirschen, Pflaumen, Pfirsiche, Nektarinen und Aprikosen, die sich platzsparend pflanzen lassen. Auf die richtigen Befruchtungsverhältnisse bzw. „Partnerwahl", wie unter Kern- und Steinobst" beschrieben, musst du auch bei Säulen-Äpfeln, -Kirschen und bzw. -Birne achten.

1 Bereite den Boden an der Pflanzstelle tiefgründig gelockert her. Verbessere ihn durch Beimischen von z.B. Gärtner Pötschkes Pflanzenfutter für Obstgehölze sowie mit Pflanzerde.

2 Tauche nun den Ballen samt Topf so lange in ein ausreichend tiefes, mit Wasser gefülltes Gefäß, bis keine Luftbläschen mehr aufsteigen.

3 Grabe anschließend ein Pflanzloch, das mindestens 1 ½ mal so tief und breit ist wie der Pflanzballen. Lockere dabei tiefgründig den Unterboden, damit beugst du Staunässe vor.

4 Lockere verfilzte Wurzeln des Pflanzballens mit den Fingern, Messer oder Schere auf. Das schadet der Pflanze nicht, vielmehr regt es die Wurzeln zu neuem Wachstum an.

5 Setze den Ballen nicht zu tief in das am Grund mit Pflanzerde verbesserte Pflanzloch. Er soll später im gleichen Niveau wie zuvor stehen.

6 Tritt nun die eingefüllte Pflanzerde um den Ballen ringsherum sorgfältig an, damit erhält er Halt und festen Kontakt zum Boden. Dabei richte die Säule gleich senkrecht nach allen Seiten aus.

7 Gieße die Pflanze mit schwachem Strahl bodenschonend aber gründlich an. Durch die eingeschlämmte Erde erhalten die Wurzeln guten Kontakt und das Anwachsen wird gefördert.

8 Damit der Boden langfristig feucht bleibt, deckst du ihn mit einer 5–6 cm dicken Schicht aus Mulchmaterialien wie Rindenhumus, Holzhäcksel, Laub oder Mulchfolie ab.

9 Mit einer Rankhilfe oder auch einem hübschen Obelisken verschaffst du den aufstrebenden, noch weichen Trieben sicheren Halt.

Weintrauben

Sorten, die man im Supermarkt
absolut nicht findet
machen den Anbau extra lohnenswert

Was alles?
Weintrauben und anderes Kletterobst wie Kiwis und Vitalbeeren.

Pflanzzeit:
Ganzjährig.
Bei frostfreiem Boden, da die Pflanzen im Topf gezogen wurden

Eimerweise saftig-süße und ungespritzte Trauben ernten, ist mit den modernen pilzfesten Sorten die reinste Freude.

Die neuen Sorten sind besonders pflegeleich,t dabei wüchsig und so robust, dass sie an sonniger geschützter Stelle sogar im Norden und in Höhenlagen bis 700 Meter Früchte ansetzen. Ob im Garten frei an Pfählen, am Spalier oder an Mauergerüsten rankend, brauchen sie einmal erzogen, außer dem Rückschnitt abgetragener Triebe im Winter und dem Auslichten nach der Blüte, wenig Pflege.

Der grüne Tipp®

Beim Kauf deiner Rebsorte musst du dich entscheiden: Wählst du eine kernlose oder eine Sorte mit Kernen. Im Trend liegen ganz klar die bequem zu essenden und von Kindern eher bevorzugten kernlosen Sorten. Geschmacklich und wenn man den Gesundheitswert betrachtet, liegen für viele die Sorten mit Kernen vorne. Vielleicht pflanzt du ja einfach gleich zwei Weinreben!?

1 Weinreben gedeihen am besten vor einer geschützten Mauer in südlicher oder westlicher Lage. Halte zum Bauwerk einen Mindestabstand von 50 cm ein.

2 Das Pflanzloch soll mindestens 1 ½ mal so breit und tief wie der Ballen sein. Lockere die Erde tief, um Staunässe zu vermeiden und verbessere den Boden mit Dünger und Pflanzerde.

3 Löse den Ballen aus dem Topf und lockere verfilzte Wurzeln mit den Fingern, einem Messer oder einer Schere. Das schadet ihnen nicht, sondern regt sogar zu neuer Wurzelbildung an.

4 Setze den Ballen schräg ein in Richtung der Mauer. Die anhaftenden Stäbe geben vorläufigen Halt. Erst nach dem vollständigen Anwachsen kannst du sie entfernen.

5 Achte darauf, dass die Veredelungsstelle (knotenartige Verdickung) zum Schluss ca. 3 cm über dem Boden verbleibt.

6 Fülle das Pflanzloch neben dem eingesetzten Ballen mit der vorbereiteten Pflanzerde. Achte darauf, dass du dabei die Pflanze nicht mit dem Werkzeug streifst und verletzt.

7 Durch wiederholtes Befüllen mit Erde und Antreten ringsum erhält der Ballen den nötigen Bodenschluss und genügend Halt.

8 Nutze den vorgeformten Gießrand, um den Ballen mit schwachem Strahl gründlich mit Erde einzuschlämmen. So entsteht ein guter Kontakt mit dem Boden, der das Anwachsen fördert.

9 Im Sommer des ersten Jahres bildet sich ein kräftiger Haupttrieb, der im Frühjahr des zweiten Jahres eingekürzt wird und künftig das Gerüst der Rebe bildet.

Waldreben

mit ihren großen bunten Blüten gehören Clematis zu den beliebtesten Kletterpflanzen

Was alles?
Waldreben und andere Kletterpflanzen wie Wilder Wein, Trompetenblume, Jelängerjelieber, Blauregen und Kletterhortensie.

Pflanzzeit:
Ganzjährig.
Bei frostfreiem Boden, da die Pflanzen im Topf gezogen wurden

Clematis, auch Waldreben genannt, gehören zu den beliebtesten Kletterpflanzen im Garten. Ihre Vielfalt an Blütenfarbe, -form und -größe ist nahezu unerschöpflich. Ihr üppiger Wuchs macht sie zum unverzichtbaren Schmuck, wenn es gilt, kahle Wände, Pergolen, Eingänge oder Lauben zu begrünen.
Pflanze sie nicht nur im Beet, sondern auch in große Kübel auf Terrasse und Balkon. Es lohnt sich! Achte dabei auf Sorten, die auch von unten her viele Knospen bilden.

Der grüne Tipp®

Vorbeugend gegen die manchmal auftretende Welkekrankheit pflanzt man die Ballen von großblumigen Clematis eine Handbreit (7–10 cm) tiefer als die Oberfläche. So bilden sich immer wieder neue, gesunde Triebe. Dies gilt jedoch nur für großblumige Clematis! Alle anderen Waldreben wie z.B. Wildarten und andere Kletterpflanzen, wie Wilder Wein, Trompetenblume, Jelängerjelieber usw. werden auf Erdniveau gepflanzt.

1 Vor dem Pflanzen wässere den Ballen gründlich. Tauche ihn dazu mitsamt des Topfes in einen Wassereimer, und zwar so lange, bis keine Luftbläschen mehr aufkommen.

2 Grabe an einem sonnigen oder zumindest halbschattigen Platz ein Pflanzloch, das zumindest 1 ½ mal so tief und breit ist wie der Pflanzballen. Nun fülle vorab etwas Pflanzerde hinein.

3 Lockere die Pflanzstelle tiefgründig und verbessere den Boden mit viel Humus. Dabei mischst du als Dünger z.B. Gärtner Pötschkes Pflanzenfutter für den Ziergarten ein.

4 Löse durch Drücken ringsum und Ziehen den feuchten Pflanzballen aus dem Kunststofftopf. Arbeite dabei vorsichtig, damit die weichen, empfindlichen Austriebe unverletzt bleiben.

5 Lockere verfilzte Wurzelballen mit den Fingern oder einem Werkzeug. Damit regst du die Bildung neuer Wurzeln an und das Anwachsen gelingt besser.

6 Setze den Ballen im Pflanzloch tief ein. Dabei darfst du die Rankstäbe nicht entfernen, sie geben den empfindlichen Trieben vorläufigen Halt. Dann fülle mit der Pflanzerde auf.

7 Drücke die Erde mit den Fingern rund um den Ballen vorsichtig, aber fest an. Damit erhalten die Wurzeln an allen Stellen Kontakt und Halt. Wiederhole Auffüllen und Andrücken bis das Pflanzloch gefüllt ist.

8 Aus der Erde formst du nun einen Gießrand und schlämmst reichlich Wasser mit schwachem Strahl an die Wurzeln. Die gute Verbindung mit der Erde lässt bald neue Wurzeln wachsen.

9 Waldreben klettern mit ihren langen Trieben gern an einem hohen Rankgerüst. Damit die Wurzelzone immer beschattet ist, pflanzt du eine Staude (hier: Funkie) davor.

Blickdichte Hecken

Sichtschutzmauern aus Pflanzen

gezogen liegen im Trend und dienen der Umwelt

Was alles?
Hecken wie Buchen, Liguster, Kirschlorbeer, Lebensbaum, Eiben.

Pflanzzeit:
Ganzjährig.
Bei frostfreiem Boden, wenn die Pflanzen im Topf gezogen wurden

Zum wohligen Gartengefühl gehört unbedingt eine grüne Hecke. Die natürliche Einfassung grenzt von den Nachbarn ab, schützt vor neugierigen Blicken, Staub, Lärm und ungestümem Wind. Gleichzeitig vermittelt sie einen ruhigen Hintergrund, vor dem deine in Beeten arrangierte Blütenpracht gut zur Geltung kommt.

Zum Erleben der Jahreszeiten sind laubabwerfende Hecken aus z.B. Hainbuche, Rotbuche, Berberitze, Forsythie, Hartriegel oder Spiersträuchern erste Wahl.

Um wirklich rund ums Jahr vor Blicken geschützt zu sein, pflanzt du immergrüne Gehölze. Hier bieten sich Kirschlorbeer, Buchsbaum und Nadelgehölze wie Eiben, Lebensbaum und Scheinzypressen an.

Eibenhecke

Der grüne Tipp®

Klassisch entsteht heutzutage eine Hecke nur durch das Zusammenpflanzen einer einheitlichen Pflanzenart. So sind reine Hainbuchen oder Eibenhecken die Regel. Pflanze aber ruhig auch einmal unterschiedliche Pflanzenarten als Sichtschutz zusammen. Verschiedene Blütensträucher wie z.B. Forsythien, Weigelien, Duftjasmin und Blasenspiere oder auch unterschiedliche Wildsträucher wie z.B. Schlehen, Wildrosen, Feldahorn und Wildapfel ergeben vor allem auch aus ökologischer Sicht eine besonders wertvolle Zusammenstellung. Nützlichen Helfern wie Singvögeln und Kleintieren bietest du mit solchen blühenden und fruchtenden Mischhecken sichere Nistgelegenheiten. So gestaltet ist eine solche Mischpflanzung auch abwechslungsreich und hübsch.

1 Lockere den Boden tiefgründig und entferne aufkommendes Unkraut. Markiere den beabsichtigten Grenzabstand zum Nachbarn und spanne parallel zum Zaun eine Schnur.

2 Du kannst zwar jeden Ballen einzeln in ein Pflanzloch setzen. Einfacher erstellst du jedoch für die Hecke parallel zur Schnur verlaufend einen Graben, der 1½ mal so tief und breit ist wie die Pflanzentöpfe.

3 Lockere den Unterboden und arbeite dabei gleichmäßig verteilt Pflanzerde und z.B. Gärtner Pötschkes Pflanzenfutter für den Ziergarten ein (ca. 20 g/lfdm).

4 Löse die vorher gut angefeuchteten Ballen aus ihrem Topf, reiße verfilzte Wurzeln mit den Fingern oder einem Werkzeug auf. Damit förderst du das Wurzelwachstum und somit das Anwachsen.

5 Stelle die Ballen des Kirschlorbeers im passenden Abstand (ca. 30–50 cm) aus. Je nach Pflanzenart und -alter können die Abstände unterschiedlich sein.

6 Fixiere die Pflanzen zunächst mit etwas Erde und fülle anschließend den Graben bis zum Rand mit einem Mix aus Pflanzerde und dem ausgehobenen Boden.

7 Fixiere die Pflanze während des Antretens mit der Hand, zieh sie dabei etwas hoch und richte sie zugleich rundum passend aus. Günstig ist eine weitere Person, die beim Ausrichten hilft.

8 Fülle bei Bedarf nochmals Pflanzerde nach und schlämme die Pflanzen im Graben mit schwachem Strahl gründlich an, so dass sie sich schlüssig mit dem Boden verankern.

9 Schon bald nach dem Anwachsen bilden sich neue Seitentriebe und eine dichte Hecke entsteht. 1–3 Jahre werden vergehen, bis du mit dem ersten Formschnitt der Hecke beginnen kannst.

Ziergehölze

Riesige Auswahl
rund ums Jahr blühender und grünender Gartenpflanzen

Was alles?
Hortensien, Flieder, Ginster, Blutjohannisbeeren, Rhododendren, Kamelien, Azaleen, Nadelgehölze.

Pflanzzeit:
Ganzjährig.
Bei frostfreiem Boden, da die Pflanzen im Topf gezogen wurden

Ziergehölze, ob laubabwerfend wie z.B. Hortensien und Schmetterlingsflieder oder immergrün wie Rhododendren und Kamelien geben deinem Garten eine leitende Struktur und zu jeder Jahreszeit ein attraktives Gesicht.

Speziell die laubabwerfenden Ziergehölze sind gut schnittverträglich und lassen sich so in der Größe deinem Garten gut anpassen.
Beachte ihre Bedürfnisse an z.B. Boden, Licht und Pflanzabstand, denn davon hängen üppiger Wuchs und freudiges Blühen ab.

Der grüne Tipp®

Um eine deinem Standort angepasste Pflanzerde zu erstellen, vermenge in einem Eimer oder bei größerem Bedarf in einer Schubkarre humusreiche Pflanzenerde und ausgehobenen Gartenboden im Verhältnis 1:1. Vorab feuchtest du die Bestandteile schon etwas an. Anstatt gekaufter Pflanzerde kannst du auch deinen eigenen Kompost als Humusanteil nutzen.

Hortensien

1 Tauche den Ballen samt Topf in ein Gefäß mit Wasser – am besten so lange, bis keine Luftbläschen mehr aufkommen.

2 Hebe mit dem Spaten ein Pflanzloch aus, das mindestens 1 ½ mal so tief und breit ist wie der Pflanzballen. Dann gib etwas Pflanzerde dazu.

3 Verbessere dann die Erde durch Einmischen von z.B. Gärtner Pötschkes Pflanzenfutter für den Ziergarten. Bei Gehölzen für saure Böden nimmst du z.B. Gärtner Pötschkes Pflanzenfutter für Rhododendren und Moorbeetpflanzen.

4 Vermische nun den Dünger und die Pflanzerde mit einem Spaten und lockere dabei gleich den Untergrund tief auf.

5 Lockere verfilzte Ballen durch leichtes Aufreißen mit einem Messer oder mit den Fingern auf. Das regt die Bildung von neuen Wurzeln an und fördert das Anwachsen.

6 Setze den Ballen etwas höher als zuvor ein und fülle die Pflanzung mit Pflanzerde auf. Die Pflanze wird sich in der Regel von selbst noch etwas setzen.

7 Jetzt trittst du den Ballen ringsum an. Halte dabei die Pflanze so fest, dass sie nach mehrfachem Befüllen auf dem umliegenden Bodenniveau bleibt. Dann forme einen Gießrand.

8 Gieße ringsum mit sanftem Strahl gründlich an. Dabei verteilt sich die nasse Erde endgültig an die Wurzeln, die somit den für das Anwachsen so wichtigen Bodenkontakt erhalten.

9 Beste Bedingungen für eine Neupflanzung von Ziergehölzen herrschen in den Frühjahrsmonaten und dann im späten Herbst. Sorge immer für genügend Bodenfeuchtigkeit.

Edle Rosen

Die Königin der Blumen

wächst so vielfältig und darf einfach in keinem Garten fehlen

Was alles?
Edel- und Beetrosen, Kletter- und Strauchrosen, Bodendecker- und Zwergrosen.

Pflanzzeit:
Oktober bis Mai bei frostfreiem Boden.
Topfrosen ganzjährig

Mit herrlich süßen Düften, robuster Blattgesundheit und langer üppiger Dauerblüte von Juni bis zum Frost schmücken Rosen luftige sonnige Plätze im Garten. Auf farbenprächtigen Beeten, an romantischen Rosenbögen und Obelisken oder flächendeckend an Mauern sowie in Töpfen erfreuen sie uns jahrein, jahraus.

Dank ihrer tief reichenden Wurzeln können sie sich nach dem Anwachsen pflegeleicht oft selbst mit Wasser versorgen. So wie hier gezeigt, kannst du jede wurzelnackte Rose pflanzen.

Der grüne Tipp®

Rosen haben in der Regel nicht die Menge an für das Anwachsen wichtigen Faserwurzeln, wie es andere Gehölze haben. Die Wurzeln der gegen Austrocknen empfindlichen wurzelnackten Rosen sind daher beim Kauf mit Erde und einer Folie geschützt. Lagere sie bis zur Pflanzung eher kühl und dunkel als zu warm und hell. Im Frühjahr beugst du damit auch einem vorzeitigen Austreiben vor.

Kürze Wurzeln von mehr als 25 cm Länge mit einer scharfen Schere ein. Damit förderst du neues Wurzelwachstum und erleichterst dir das Pflanzen.

Stelle die Rosen zunächst in einem Gefäß mindestens 12 Stunden lang ins Wasser. So können sich die Wurzeln voll Wasser saugen.

Grabe ein etwa 20 cm breites und etwa 40 cm tiefes Loch und lockere den Boden tiefgründig. Verbessere ihn durch Einmischen von z.B. Gärtner Pötschkes Pflanzenfutter für Rosen.

Halte die Rose senkrecht ins Loch, so dass sich keine Wurzeln krümmen. Die Veredelungsstelle (knotenartige Verdickung) muss zum Schluss wenigstens 5 cm unter Erdniveau liegen, damit sie dauerhaft gegen Frost geschützt ist.

Halte die Pflanze nun auf dem entsprechenden Niveau und fülle den Wurzelbereich sorgfältig mit Pflanzerde auf. Vermeide vor allem Lücken zwischen den Wurzelsträngen.

Mit dem Antreten ringsherum verschaffst du der Rose Halt und festen Kontakt mit dem Boden. Bewege den Rosenstock dabei leicht hin und her, um Hohlräume zu vermeiden.

Nach dem Pflanzen braucht die Rose im Frühjahr Schutz gegen austrocknenden Wind und im Winter gegen Frost. Häufle sie deshalb immer mit einem 20–30 cm hohen Erdhügel an.

Gieße die Pflanze im zuvor angelegten Gießrand mit schwachem Strahl sehr gründlich an. Das Einschlämmen garantiert einen engen Kontakt mit der Erde und damit das Anwachsen.

Der Austrieb ist erfolgt. Spätestens jetzt kannst du den schützenden Erdehügel entfernen. Doch Vorsicht, damit dabei keiner der noch sehr zarten Triebe abbricht.

Stauden

Die vielfältigste Pflanzengruppe

begeistert jedes Jahr aufs Neue

mit unzähligen Blüten und Blattfarben

Storchschnabel (Stauden-Geranie)

Was alles?
Storchschnabel, Astilben, Farne, Taglilien, Funkien, Phlox, Purpurglöckchen, Rittersporn, Gräser sowie mehrjährige Kräuter wie z.B. Oregano, Lavendel, Salbei und Bergbohnenkraut.

Pflanzzeit:
Ganzjährig.
Bei frostfreiem Boden, da die Pflanzen im Topf gezogen wurden

Stauden sind mehrjährige und somit frostbeständige Pflanzen, deren krautig weiches Laub zum Winter hin abstirbt und zu jedem Frühjahr wieder neu austreibt. Diese Eigenschaft gepaart mit ihrem schier endlos unterschiedlichem Erscheinungsbild macht sie in unseren Gärten einfach unersetzbar.

Was du einmal gepflanzt hast, gedeiht schnell immer üppiger. In der Vielfalt der Stauden findest du für jede Jahreszeit Bewährtes und viele spannende Neuheiten. Neben z.B. Rittersporn und Sonnenhut boomen in den letzten Jahren gerade auch die reinen Blattstauden wie Funkien/Hosta und Purpurglöckchen.

Der grüne Tipp®

Möchtest du ein Beet mit Stauden neu anlegen, gibt es Einiges bei Pflanzenwahl und Anordnung zu beachten. Bedenke beim Kauf auch die von den Stauden verlangten Lichtverhältnisse. Selbst schattige Plätze lassen sich mit der richtigen Pflanzenwahl üppig gestalten. Symbole zu Schatten, Halbschatten und Sonne haben sich als sehr praktisch erwiesen. Schon bei der Auswahl solltest du die angegebene Blütenfarbe und Blütezeit sowie die finale Wuchshöhe für eine abwechslungsreiche Zusammenstellung beachten. Um ein Beet später gut einsehen zu können, ist es unabdingbar, niedrige Sorten nach vorne und hohe nach hinten zu setzen. Lege die Pflanzen auf dem Beet vorher probeweise aus. Somit kannst du das Verhältnis von Mengen und Abständen besser einschätzen.

1 Bereite den Boden im Pflanzbeet tief umgegraben vor. Durch Zugabe von Kompost und z.B. Gärtner Pötschkes Pflanzenfutter für den Ziergarten schaffst du ideale Bedingungen.

2 Das Einmischen gelingt am besten durch mehrfaches Durchziehen mit einem Grubber. Achte dabei auf eine ebene und planmäßige Bodengestaltung.

3 Feuchte vor dem Einpflanzen alle Pflanzballen durch Tauchen in einem Wassereimer oder in einer Wanne gründlich durch, so lange, bis keine Luftbläschen mehr aufsteigen.

4 Hebe ein genügend großes Pflanzloch aus. Es sollte mindestens 1 ½ mal so groß und breit sein wie der Ballen des Lavendels.

5 Ziehe den Ballen aus dem Topf und lockere verfilztes Wurzelwerk mit den Fingern oder einem Werkzeug. Das schadet gar nicht, sondern reizt die Pflanze zu neuer Wurzelbildung.

6 Setze den Ballen ein und fülle das Loch mit Pflanzerde. Achte darauf, dass die Pflanze nicht zu tief gerät, sie soll zum Schluss ebenerdig auf gleicher Höhe stehen wie der gewachsene Erdboden.

7 Drücke die Pflanze rings um den Ballen mit den Fingern oder einer Pflanzschaufel fest an und verschaffe ihr damit den nötigen Bodenschluss. Forme dabei einen Gießrand aus der Erde.

8 Gieße nun die Pflanzen ringsum mit weichem Strahl an. Dabei schlämmst du Erde in alle Hohlräume, sorgst für den notwendigen Bodenschluss und förderst das Anwachsen.

9 Durch das Pflanzen in Gruppen entsteht ein gefälliges Bild. Achte dabei auf den in der Pflanzanleitung empfohlenen Pflanzabstand und auf die spätere Wuchshöhe.

Bambus

Sie sind immergrün und schnell wachsend und beleben jeden Garten mit ihrem extravagantem Stil

Welche?
Alle horstbildenden und hainbildenden Arten.

Pflanzzeit:
Ganzjährig.
Bei frostfreiem Boden, da die Pflanzen im Topf gezogen wurden

Mit seinen filigranen, im Wind raschelnden und immergrünen Halmen zaubert Bambus das ganze Jahr über fernöstlichen Charme in deinen Garten.

Horstbildende Arten wie Bambusa und Fargesia breiten sich unproblematisch und langsam aus. Alle anderen zählen zu den hainbildenden Arten mit je nach Sorte unterschiedlicher Wuchskraft (40 cm bis 9 Meter Höhe) und Ausläuferbildung, die du durch eine Wurzelsperre begrenzen kannst Als immergrüne Pflanze musst du deinen Bambus auch im Winter gießen! Nutze am besten dazu frostfreie Tage.

Der grüne Tipp®

Nutze Bambus auch ruhig einmal als Sichtschutz oder auch als Hecke. Bereits eine einzelne Pflanze, z.B. im Kübel auf der Terrasse stehend, ergibt eine gute Blickdichte. So kann man sich gut vorstellen, welche Wirkung das Nebeneinanderpflanzen von mehreren Bambuspflanzen hat. Bambus ist immergrün und somit mit Wurzelschutz eingesetzt eine perfekte Heckenpflanze.

1 Einige Bambus entwickeln intensive Wurzelausläufer. Das lässt sich durch Pflanzen in möglichst tief gezogene Maurerkübel verhindern. Mit einer Stichsäge kannst du leicht den Boden heraus trennen.

2 Grabe zunächst ein großes und tiefes Loch, in das der nun nach unten offene Kübel passt. Der Kübelrand sollte nun einige Zentimeter oberhalb des umgebenden Erdniveaus auskommen.

3 Verbessere anschließend den Boden an der Pflanzstelle durch Beimischen von Pflanzerde und z.B. Gärtner Pötschkes Pflanzenfutter für Ziergehölze.

4 Befülle dann den Kübel mit humus- sowie nährstoffreicher Pflanzerde. Verdichtete Erde unter dem Kübelboden kannst du jetzt noch lockern und damit Staunässe verhindern.

5 Reiße den dichten Wurzelballen mit den Fingern, einer Schere oder einem Messer auf. Dadurch bilden sich neue Wurzeln und die Pflanzen wachsen besser an.

6 Setze nun den ausläufertreibenden Ballen unter Kübelrandniveau ein und fülle ringsum Erde auf. Durch den Kübel als Wurzelsperre werden die Ausläufer am unkontrollierten Wachstum gehindert.

7 Tritt die Pflanze rundum an und richte sie nach allen Seiten gefällig aus. Damit erhält sie den nötigen Bodenschluss und wächst gut an. Eventuell musst du etwas Pflanzerde nachfüllen.

8 Gieße mit weichem Strahl gründlich an. Dabei werden die Wurzeln eingeschlämmt und ein schlüssiger Kontakt zur feuchten Erde entsteht, der wichtig für das Anwachsen ist.

9 Richte nun die Bambuspflanze nach allen Seiten hin gerade aus und fülle die Lücken ringsum mit Erde. Damit sorgst du für einen dauerhaften Halt. Kaschiere noch den Topfrand mit Kies, Ziergräsern oder Bodendeckern.

Sommerblumen im Beet
Zwischen Stauden und Gehölzen
lässt sich im Handumdrehen ein reichhaltiger Blütenflor zaubern

Petunien, Elfenspiegel und Lobelien

Was alles?
Stehende Geranien, Begonien, Fleißige Lieschen, Goldkosmos, Lobelien und Petunien.

Pflanzzeit:
Frühjahr nach den Frösten, Mitte Mai bis Anfang Juni

Den Wettlauf im Garten um die größte Blütenpracht gewinnen Sommerblumen haushoch.

Warum also nicht die klassisch für Balkonkästen und Kübel gedachten Schönheiten auch für das Gartenbeet nutzen!? Nicht nur großflächig lassen sie sich im Beet und als Lückenfüller zwischen Stauden genießen.
Als blühende Beeteinfassung genießt du jedes Jahr aufs Neue eine andere bunte Zierde an deinen Weg- und Beeträndern.

Der grüne Tipp®

Damit die meisten der Sommerblumen, wie z.B. Petunien, üppig bzw. bis zum ersten Frost blühen, müssen sie bis in den August hinein alle 2–3 Wochen regelmäßig gedüngt werden. Dies geschieht am besten mit einem Flüssigdünger, der dem Gießwasser zugemischt wird. Unterstützen lässt sich das mit der anfänglichen Zumischung eines Langzeitdüngers.

Richte zuerst das vorgesehene Beet krümelig gelockert und leicht angefeuchtet vor. Damit die Blumen auch lange blühen, bringst du gleichmäßig verteilt z.B. Gärtner Pötschkes Pflanzenfutter für den Ziergarten aus.

Arbeite nun den Dünger mit einem Grubber oder Rechen in den Boden ein. Gleichzeitig kannst du den Boden auch mit Kompost oder einer humosen fertigen Pflanzerde verbessern.

Damit du deinen Bedarf besser einschätzen kannst, stellst du am besten die vorgezogenen blühfertigen Ballenpflanzen zur Probe im passenden Abstand von ca. 20–30 cm (je nach Sorte) aus.

Reiße verfilzte Wurzeln vorsichtig mit den Fingern auf. Das schadet nicht, vielmehr regt es die Bildung neuer Wurzeln an und fördert damit das Anwachsen. Sind Pflanzen trocken geworden, wässerst du diese vorher.

Bereite mit einer Pflanzschaufel ein genügend großes Loch (mindestens 1½ mal so tief und breit wie der Ballen).

Setze die Pflanze hinein und ziehe mit der Schaufel genügend Erde heran, um das Loch zu füllen. Achte auf die richtige Tiefe, am Ende soll die Pflanze auf dem umgebenden Erdniveau gedeihen.

Drücke den Pflanzballen rundum mit den Fingern an. Dabei erhält die Pflanze Halt und den so wichtigen Bodenschluss. Behandle dabei die Pflanze vorsichtig, damit kein Trieb abbricht.

Gieße nun den Ballen mit weichem Strahl gründlich an. Durch das Einschlämmen erhalten die Wurzeln ringsherum engen Kontakt mit der feuchten Erde, das ist wichtig für das sichere Anwachsen.

Petunien gedeihen besonders gut an sonniger Stelle. Hitze und Trockenheit machen ihnen wenig aus. Zudem sind sie sehr farbenprächtige Bodendecker.

Sommerblumen
in Blumenkästen, Pflanzkübel, Ampeln
erstrahlen den Sommer über in den schönsten Farben

Geranien, Bacopa, Petunien, Lobelien

Was alles?
Geranien, Petunien, Fleißige Lieschen, Goldkosmos, Lobelien oder Studentenblumen, um nur einige zu nennen.

Pflanzzeit:
Nach den Frösten, Mitte Mai bis Anfang Juni

Mit Massen von Blüten und einer langen Blühperiode von Mai bis zum Frost sorgen in Topfballen vorgezogene Sommerblumen jedes Jahr aufs Neue für ein überwältigendes Blütenmeer.
Klassisch werden sie dabei in Kästen, Kübel oder hängende Ampeln gepflanzt.
So schaffst du Blütenreichtum an Stellen, wo zuvor triste Fensterbänke oder kahle Mauern vorherrschten.
Die Auswahl ist riesig und so gibt es wirklich für jede Situation den richtigen Sommerblüher.
Geranien und Petunien stehen dabei ganz vorne an.
Die meisten von ihnen sind einjährig oder ein Überwintern wäre nur mit größerem Aufwand vorzunehmen.

Der grüne Tipp®

Für den einen entstehen die schönsten Blumenkästen, wenn man verschiede Sorten z.B. Ton in Ton miteinander kombiniert, für den anderen sind es die bunten Zusammenstellungen. So stellt sich auch die Frage nicht nur bei der Farbgestaltung. Nein, auch ob und wenn welche Arten man kombiniert, muss vor dem Kauf entschieden werden. Allgemeingültig kann gesagt werden, dass das reine Geschmacksache ist. Alleine den Wuchscharakter, ob aufrecht oder hängend wachsend und die benötigten Lichtverhältnisse gilt es zu beachten. Gibt dein Kasten oder deine Ampel eine gewisse Tiefe her, bepflanze immer leicht im Versatz. Höhere aufrechte Sorten kommen dabei eher nach hinten, überhängende oder niedrige Sorten nach vorne.

Die bequemen Balkonkästen mit Wasserspeicher schützen tagelang vor Austrocknen oder Überflutung. Stecke zunächst die Saugdochte durch die Bodenplatte und richte den Wasserstandsregler ein.

Balkonpflanzen brauchen eine gute Blumenerde mit vernässungsfester Struktur. Damit sie pausenlos blühen, mischst du z.B. Gärtner Pötschkes Pflanzenfutter für Garten- und Balkonblumen darunter.

Fülle nun die Pflanzerde ein. Gut erkennbar sind die Dochte, die nach dem Bepflanzen aus dem darunter liegenden Speicher Wasser in den Wurzelraum saugen.

Lockere verfilzte Pflanzballen vorsichtig mit den Fingern. Das schadet nicht, sondern regt die Pflanze zum Bilden neuer Wurzeln an. Das Anwachsen gelingt damit besser.

Grabe mit der Pflanzschaufel ein genügend großes Loch und setze die Pflanze ein. Achte dabei auf die richtige Pflanzhöhe. Der Ballenerdrand schließt plan mit eingefülltem Erdniveau ab.

Hole weitere Erde heran und drücke die Ballenpflanze mit den Fingern ringsherum vorsichtig an. Damit erhält sie den fürs Weiterwachsen wichtigen Halt.

Setze die Pflanzen in passendem Abstand von ca. 20–30 cm ein (je nach Wüchsigkeit der Sorte). Dabei kannst du Sorten und Farben nach deinem Geschmack kombinieren.

Gieße alle Pflanze im Kasten mit weichem Strahl an. Durch das Einschlämmen von Erde schließen sich alle Hohlräume und die Pflanzen wachsen gut an.

Fülle als letztes den Wasserspeicher voll auf. Künftig kannst du mit dem Wasserstandsanzeiger den Vorrat kontrollieren – und wenn nötig mit Kanne oder Schlauch ergänzen.

Pflanzplan

...was kommt **wann** in die Erde?!

Was?	Seite	Januar	Februar	März	April	Mai	Juni	Juli	August	September	Oktober	November	Dezember
Saatbänder	10-11			●	●	●	●	●	●				
Saatscheiben	12-13		●	●	●	●	●	●	●				
Saatplatten	14-15			●	●	●	●	●	●				
Saatteppiche	16-17			●	●	●	●						
Buschbohnen	18-19					●	●	●					
Stangenbohnen	20-21					●	●						
Kohlgemüse und Salate	22-23			●	●	●							
Feldsalat	24-25							●	●		●		
Erbsen	26-27			●	●	●	●						
Blattgemüse	28-29			●	●	●	●	●	●	●			
Fruchtgemüse	30-31		●	●	●								
Kürbis, Zucchini, Gurken - Anzucht	32-33				●	●							
Porree, Zwiebeln	34-35		●	●	●	●							
Gurken - Freiland	36-37					●	●						
Sellerie	38-39		●	●	●								
Kohl	40-41					●	●						
Wurzelgemüse	42-43			●	●	●	●	●					
Balkonkräuter	44-45					●	●	●					
Küchenkräuter	46-47				●	●	●						
Blatt-Petersilie	48-49					●	●		●				
Schnittblumen	50-51					●	●	●					
Blumenmischungen	52-53					●	●						
Bunte Sommerblüher	54-55				●	●							
Kapuzinerkresse	56-57					●	●	●					
Einjährige Ranker	58-59				●	●	●						
Balkonblumen	60-61	●	●	●									
Sonnenblumen	62-63				●	●	●						
Bunte Ranker	64-65				●	●	●						
Blüten-Vielfalt	66-67					●	●	●					
Gründüngung	68-69					●	●	●	●	●			

Was?	Seite	Januar	Februar	März	April	Mai	Juni	Juli	August	September	Oktober	November	Dezember
Kartoffeln	70-71			●	●	●							
Steckzwiebeln	72-73			●	●					●	●		
Spargel	74-75			●	●								
Rhabarber	76-77			●	●					●	●		
Erdbeeren	78-79			●	●	●	●	●	●	●	●		
Beerenobst	80-81	●	●	●	●	●	O	O	O	O	●	●	●
Obstbäume	82-83	●	●	●	●	●	O	O	O	O	●	●	●
Himbeeren	84-85	●	●	●	●	●	O	O	O	O	●	●	●
Brombeeren	86-87	●	●	●	●	●	O	O	O	O	●	●	●
Weintrauben	88-89	●	●	●	●	●	O	O	O	O	●	●	●
Waldreben	90-91	●	●	●	●	●	O	O	O	O	●	●	●
Hecken	92-93	●	●	●	●	●	O	O	O	O	●	●	●
Ziergehölze	94-95	●	●	●	●	●	O	O	O	O	●	●	●
Rosen	96-97	●	●	●	●	●	O	O	O	O	●	●	●
Stauden	98-99	●	●	●	●	●	O	O	O	O	●	●	●
Bambus	100-101	●	●	●	●	●	O	O	O	O	●	●	●
Sommerblumen im Beet	102-103				●	●	●	●					
Sommerblumen in Kästen und Kübeln	104-105				●	●	●	●					

O = Pflanzung möglich, wenn im Topf gezogen

Gute Gartentipps findest du auch in meinem Gartenblog unter www.poetschke.de/gartenblog/

5. Juli 2015 — Allgemein, Balkon, Balkonkästen

Blütenpracht am Fenster

Es gibt so viele verschiedene Möglichkeiten Balkonkästen zu bepflanzen! Ich habe einige der Schönsten bei mir in der Umgebung fotografiert und für euch notiert, was da so schön zusammen blüht. Man sieht, dass die Kästen mit Liebe bepflanzt und gepflegt werden.

Sommerblumen zählen zu meinen Lieblingen. Wie du sie am besten pflegst und welche Pflanzen für welchen Standort geeignet sind, erfährst du in meinem Blog!

Geräte und Zubehör

so wird die Gartenarbeit zum Vergnügen

Anzucht und Pflege

Besonders viel Freude macht es, wenn du deine Pflanzen selbst anziehst und anschließend beim Großwerden beobachtest.
Für Anzucht und Pflege gibt es viele nützliche Helfer – praktische Schaufeln in unterschiedlichsten Größen, kleine Anzuchtschalen, ja sogar richtige Mini-Gewächshäuser sowie das richtige Werkzeug zum Pikieren, d.h. Vereinzeln deiner Pflänzchen, wenn sie ein wenig größer geworden sind.
Für jedes Pflanzen-Alter das richtige Zubehör!

Schaufeln

Anzucht-Schale

Pikier-Set

Steck-etiketten

Stecketiketten helfen dir dabei, die Aussaaten zu kennzeichnen. Denn so weißt du immer genau, was du wo gesät hast.
Beschrifte die Stecketiketten mit der entsprechenden Sämerei, stecke sie in die Erde und du kannst die Sämereien nicht mehr verwechseln.

Mini-Gewächshaus

Mit Feinsprühern kannst du deine kleinsten Lieblinge sehr schonend mit Wasser versorgen.

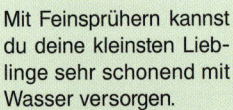

Fein-Sprüher

Anzucht-Töpfe und Kokostabletten

Besonders praktisch sind auch komplette Anzuchtsets, die zum Beispiel Schale, Haube, Kokostabletten oder Anzuchttöpfchen enthalten. Hier hast du nämlich alles beisammen, was du für die Anzucht und Pflege der Kleinsten unter deinen Pflanzen benötigst. Sie sind fast wie eine Art Kinderzimmer, bieten ihnen ein prima Kleinklima und lassen sie optimal wachsen und gedeihen.
So gelingen Aussaat und Pflege ganz sicher kinderleicht!

Rechen

Rüttel-Sieb

Kleingeräte

Bei Gartengeräten hast du die große Auswahl. Da gibt es welche, die sind unverzichtbar, z.B. Pflanzschaufel, Rechen oder Grabegabel. Auf andere kannst du zwar verzichten, aber sie erleichtern die Arbeit doch um einiges. Aber denk' dran: Gute Gartengeräte haben ihren Preis!

Aussaat und Ernte

Auch bei der Aussaat kannst du es dir leichter machen. Zollstock und Reihenzieher helfen dir, deine Sämereien in gerader Linie in die Erde zu bringen. Und rutschfeste Beetplatten ermöglichen dir ein trockenes sowie schmutzfreies Arbeiten in deinen Beeten.

Damit diese auch möglichst von ungebetenen Gästen wie Vögeln und Insekten verschont bleiben, deckst du sie am besten mit einem Insekten-Netz ab. So musst du deine Ernte nicht unfreiwillig teilen und deine Pflänzchen sind zudem auch noch vor Hitze und Kälte geschützt.

Grubber

Zollstock und Reihenzieher

Spaten und Grabegabel

Beetplatten

Insekten-Netz

Frühbeet

Gerade für die Arbeit draußen gibt es – neben den üblichen Gartengeräten – zahlreiche praktische Gartenhelfer.
So zum Beispiel ein Frühbeet, mit dem du schon früher in die Gartensaison starten kannst. Es schützt empfindliche Jungpflanzen und es fördert das Wachstum auch bei niedrigen Außentemperaturen.
Ein Bohnenzelt bietet deinen selbst angebauten Bohnen eine optimale Kletterhilfe.
Die Bohnentriebe ranken an den Schnüren empor und können ungestört wachsen.

Bohnen-Zelt

Platz für deine Notizen

Hier kannst du deine ersten Garten-Erfahrungen in bester Erinnerung halten:

Bitte benutze einen wasserfesten Stift, da die Seiten zum Schutz lackiert sind.

Bitte benutze einen wasserfesten Stift, da die Seiten zum Schutz lackiert sind.

Gartenbücher
Lernen von einem alten Gartenhasen

Gärtner Pötschkes
Neue Große Gartenbücher

Gesammelte Erfahrungen in 3 Bänden!

Band 1 – Grundlagen: Gärtnerisches Grundwissen zu Gartenanlage, Pflanzenkauf und -vermehrung sowie zu Qualität und Aussaat von Saatgut.

Band 2 – Gemüse und Kräuter: Alles über den erfolgreichen Anbau. Mit zahlreichen leckeren Rezepten.

Band 3 – Obst: Die beliebtesten Obstsorten im Überblick. Alles zu Schnitt und Pflege sowie Ernte und Lagerung.

Neues Großes Gartenbuch, Band 1	320 220 01	14,95
Neues Großes Gartenbuch, Band 2	320 221 01	14,95
Neues Großes Gartenbuch, Band 3	320 222 01	14,95
Sonderpreis	320 225 01 3 St.	~~44,85~~
	3 St. nur	34,95

mit vielen Abbildungen und informativen Zeichnungen – leicht zu lesen

Gärtner Pötschkes
Großes Gartenbuch

Absolut einzigartig!

Auf 348 Seiten und illustriert mit etwa 1.000 Zeichnungen, informiert dieser bewährte Klassiker über alles, was Sie schon immer über die Anlage und Pflege eines Zier- oder Nutzgartens wissen wollten.

Sowohl dem routinierten Gartenliebhaber als auch dem Anfänger erschließt sich hier auf eine leicht verständliche Weise die ganze Welt der Pflanzen. Denn dieser unentbehrliche Ratgeber behandelt ausführlich die Themen Bodenbearbeitung, Gemüse- sowie Blumenkultur, Kräutergarten, Vorratswirtschaft und vieles mehr. Außerdem enthält er eine Vielzahl von erprobten Kochrezepten für leckere, klassische Gerichte zu allen beschriebenen Gemüsen sowie wertvolle Gesundheitstipps. Praktisch ist auch der Jahreskalender für alle monatlichen Gartenarbeiten. Format 15 x 24 cm, 348 Seiten.

| Großes Gartenbuch | 320 100 01 | 9,95 |

Eine typische Leserzuschrift:

Liebe Frau Pötschke,

von meiner… Mutter habe ich „Gärtner Pötschkes Großes Gartenbuch"… vererbt bekommen. Dieses Buch begleitet mich seit diesem Zeitpunkt Tag für Tag durch mein Gartenleben. Ihr Vater hat vielen meiner geliebten Pflanzen das Leben gerettet und durch die Tipps wunderschöne Blüten und hohen Ertrag gebracht.

Angelika Richter aus Talheim

Mit über 1,5 Millionen Exemplaren das meistverkaufte deutschsprachige Gartenbuch der Welt.

Register

Apfel	82-83	Gräser	98-99	Möhren	42-43	Schalotten	72-73
Aprikosen	82-83	Grundlagen 1	6-7	Nelken	66-67	Schnittlauch	48-49
Astern	50-51, 66-67	Grundlagen 2	8-9	Notizen, eigene	110-111	Schwarzäugige	
Auberginen	30-31	Gründüngung	68-69	Obstbäume	82-83	Susanne	64-65
Azaleen	94-95	Grünkohl	28-29, 40-41	Oregano	46-47	Schwarzwurzeln	42-43
Babyleaf-Salat	24-25, 44-45	Gurken	32-33, 36-37	Paprika	30-31	Sellerie	38-39
Bambus	100-101	Heckenware	92-93	Passionsblume	64-65	Sommerblumen	
Bärlauch	72-73	Heidelbeeren	80-81	Pastinaken	42-43	im Garten	102-103
Basilikum	12-13, 46-47	Himbeere	84-85	Petersilie	12-13, 48-49	Sommerblumen	
Bechermalven	54-55, 66-67	Hortensien	94-95	Petunien	60-61, 104-105	für Kästen,Töpfe	104-105
Beerenobst,		Impatiens	60-61	Pfirsiche	82-83	Sonnenblumen	54-55, 62-63
Sträucher + Büsche	80-81	Impressum	115	Pflanzplan	106-107	Spargel	74-75
Birnen	82-83	Inhaltsverzeichnis/		Pflaumen	82-83	Speise-Rüben	42-43
Blumenkohl	40-41	Vorwort	4-5	Pflücksalat	24-25	Spinat	24-25, 26-27
Blumenmischungen	52-53	Johannisbeeren	80-81, 86-87	Phlox	98-99	Spitzkohl	40-41
Bohnen	18-21	Kamelien	94-95	Porree	34-35	Stachelbeeren	80-81
Bohnenkraut	48-49	Kapuzinerkresse	56-57, 58-59	Prunkbohne	20-21	Stangenbohnen	20-21
Brokkoli	28-29	Kartoffeln	70-71	Prunkwinden	64-65	Stauden	98-99
Brombeere	86-87	Kerbel	48-49	Purpurglöckchen	64-65	Steckzwiebeln	72-73
Brunnenkresse	44-45	Kern- und Steinobst,		Quitten	82-83	Steinkraut	66-67
Buchenhecke	92-93	Stämme	82-83	Radicchio	24-25	Stevia	46-47
Bücher	108-109	Kirschen	82-83	Radieschen	10-11, 42-43	Stiefmütterchen	66-67
Buschbohne	18-19	Kiwi	88-89	Kapuzinerkresse	58-59	Stockrosen	66-67
Chinakohl	28-29, 40-41	Knoblauch	72-73	Rettich	42-43	Strohblumen	50-51
Clematis	90-91	Kohl	28-29, 40-41	Rhabarber	76-77	Tagetes	54-55
Cosmeen	50-51, 54-55,	Kohlrabi	28-29, 40-41	Rhododendren	94-95	Taglilien	98-99
	66-67	Kohlrüben	28-29, 40-41	Ringelblumen	50-51, 62-63	Thymian	48-49
Dicke Bohnen	18-19	Kopfsalat	28-29	Rittersporn	98-99	Tomaten	30-31
Dill	44-45, 48-49	Koriander	48-49	Rosen	96-97	Trompetenblume	90-91
Eiben	92-93	Kornblumen	50-51, 66-67	Rosenkohl	28-29, 40-41	Waldreben	90-91
Einlegegurken	36-37	Kresse	48-49	Rosmarin	46-47	Weintrauben	88-89
Eissalat	28-29	Kürbis	32-33, 36-37	Rote Bete	42-43	Wicken	58-59
Endivien	28-29	Lauchzwiebel	34-35	Rotkohl	28-29	Wilder Wein	90-91
Erbsen	22-23	Lebensbaum	92-93	Rucola	24-25	Wirsing	28-29, 40-41
Erdbeeren	78-79	Levkojen	66-67	Rudbeckien	50-51	Wurzel-Petersilie	42-43
Farne	98-99	Liguster	92-93	Saatbänder	10-11	Zier-Kürbisse	58-59
Feldsalat	24-25, 26-27	Löwenmäulchen	60-61	Saatscheiben	12-13	Ziergehölze	94-95
Feuerbohnen	20-21, 58-59	Lupinen	54-55	Saatteppiche	14-17	Zinnien	50-51, 66-67
Fetthenne	98-99	Majoran	48-49	Salat	24-29	Zitronengras	46-47
Flieder	94-95	Mangold	24-25	Salatgurken	30-31, 36-37	Zucchini	32-33, 36-37
Frühlingszwiebeln	34-35	Markerbsen	22-23	Salbei	46-47	Zuckererbsen	22-23
Funkien	98-99	Melonen	32-33	Salvien	60-61	Zwiebeln	10-11, 34-35, 72-73
Geranien	102-103	Mirabellen	82-83	Säulenobst	82-83		
Ginster	94-95	Mittagsblume	60-61	Schalerbsen	22-23		